Idea man

Idea man

Idea man

Idea man

生活槓桿：

短時間發揮最大生產力，讓事業×生活×財富達到完美平衡的工作哲學

Life Leverage: How to Get More Done in Less Time, Outsource Everything & Create Your Ideal Mobile Lifestyle

羅伯・摩爾（Rob Moore）／著
林曉欽／譯

這本書獻給每一個想要出類拔萃的人，還有瘋狂忙碌的創新者，你們追求改變，勇於堅持信念，即便經常遭到誤解，但仍願意冒險，只因生活裡還有更多值得的美好，不能就此枯萎凋零，這本書獻給你們。

〈導讀〉只有笨蛋才會埋頭苦幹

鮑伯是公司最好的軟體工程師（為了安全起見，我們採用假名）。他四十多歲，是個愛家的男人，長年在公司服務，個性安靜，從不得罪人。如果在電梯裡遇到他，你甚至不會多看他一眼。

鮑伯的績效表現逐年進步，年薪超過十二萬英磅。然而，如果檢查他的網路瀏覽紀錄，就會發現他上班時都在逛Reddit（編註：Reddit總部位於美國舊金山，是一個綜合娛樂、社交及新聞的網站）、網拍、臉書、領英（Linkedin）網站還有貓咪影片。下班前，他會寫一封電子郵件回報工作的管理進度，然後五點準時離開辦公室。

鮑伯的公司找來一位稽查員，負責調查這種不尋常的工作模式與網路瀏覽行為。他們發現鮑伯將自己的分內工作，全都外包給某個位於中國的技術承包商。鮑伯上班時根本沒有在工作。他們無法確定鮑伯的行為持續了多久，因為紀錄檔只能追溯到六個月前。

鮑伯一年支付兩萬五千英磅給中國的技術承包商，所以他上班時只需上網逛逛、看看貓咪影片、更新臉書動態。加加減減後，他一年的淨利仍有十萬英磅，而且無須工作。事實上，公司相信鮑伯還額外自行接案，與其他公司簽訂合約，再把工作外包給同一間中國技術承包公司。

但鮑伯的工作表現與外包給中國承包公司的成果，都在水準之上——程式編碼俐落乾淨，非常優秀，而且總是即時完成。

結果鮑伯最後被炒魷魚了！

如果是在五年前，我的公司裡有員工這麼做，我也會開除他。但是現在，我反而會替他升職，學習他們的經驗，把他們手上的外包契約拿過來，快速了解一下他隱瞞的原因，再讓他管理公司裡其他適合進行外包的部門。

鮑伯的故事告訴我們，時代在改變，過往的聘僱方式與企業經營理念之爭逐漸退場，工作、企業經營與生活領域裡已經竄起一種革新的工作方式。

二十年前，如果你看到我正在準備英國普通中等教育證書考試，就會發現我多麼用功努力。父親答應我，我只要全部拿A，就會給我兩百英磅獎金——對於十五歲的小孩來說，那可是一筆大錢，計算通貨膨脹的話，將近是現在的七萬八千四百英磅。

我受到獎金的鼓勵與誘惑，決定全力以赴，沒日沒夜地用功複習，犧牲了整個暑假，晚上不跟朋友出去玩。我的朋友金・比姆則是忙著實現青少年的願望（或者說夢想），流連忘返於所有女孩之間。這一切都是因為我真的很想拿到兩百英磅獎金。我埋首在餐桌書堆裡。

至於另外一位好友，為了保護他的身分，姑且稱為馬克・荷馬好了。他每天晚上與週末都出去玩，在櫻桃丘上盡情享樂，就像所有意氣風發的青少年一樣。馬克也很善於與女孩子打交道，我很有理由嫉妒他。

「專注在兩百英磅獎金，羅伯。」我一直對自己說。

馬克跟我的考科完全相同，而他準備考試的態度非常輕鬆。很顯然，他根本沒有複習，卻很有自信能夠遊刃有餘地通過考試。為了未來，我犧牲了最美好的一年，非常努力用功，也很討厭馬克。不管了，至少馬克一定考不過，我的犧牲終會獲得補償。

成績單來的時候，我正好跟馬克在一起，我撕開了成績單邊緣的封條，我的成績是A、A、A、A、A、A，全都是A，令人心滿意足。我成功了。兩百英磅的獎金，還有以我為傲的父親就是最好的獎勵。現在輪到馬克了，他打開成績單，攤開紙張，大聲讀出成績：A、A、A、B、A、B……。

怎麼會這樣！

「馬克，你是怎麼辦到的？你根本就沒有複習！」

「我沒有，但你有！」

原來馬克大多數的科目都抄襲我的答案。他根本就不打算隱瞞。事實上，他還非常自豪。

「你的成績很好，得到兩百英磅獎金；我的成績也很好，還有五個女朋友，加上人生最快樂的一年。」馬克驕傲地說。

如果馬克的事情被查到，肯定會被停學或開除，考試成績也一定不算數，這就是所謂的傳統教育會做的事。大多數的人被強迫接受這種體系。馬克會被貼上罪名、遭到嘲笑，甚至成為警惕他人的例子，就像鮑伯一樣。

直到十二年後，我才學到寶貴的一課。

在現實的商業世界中，鮑伯和馬克展現了企業槓桿效益。在自然世界中，他們的行為叫做「求生存」。若是以實現個人願景來說，這是外包、尋找良伴、學習他山之石、進階到下一個世代。

我快要可以完全參透其中的意義了。我已經明白許多在現有體制、傳統教育與「真實世界」之間的差異。

後來這件事情變得更荒唐。我拿到了自己期待的成績，人們認為我是最聰明的學生，我被安排到新設立的資優班。這個班級的名稱是用法語寫的「地理」，你必須夠聰明，聰明到可以用法語學地理。沒錯，所有課程內容都在教地理，而且是用法語教學。

對於想要在現實世界裡脫穎而出、經營企業與創造非凡成就的人來說，這種教育真的太有用了！沒錯，好幾次與客戶往來、面對挑戰與改變、組織我的人生願景時，我都能夠想起在法語教學地理班上學到的深刻知識呢！老實說，如果我一個人待在巴黎不知道要做什麼，也知道要怎麼從博物館前往圖書館。

所以，如果你想徹底體驗強迫你用功學習十八年，在求學過程裡積欠五萬至十萬英磅債務的教育體系，畢業之後只能在職場最底端拿到一份實習生等級的低薪工作，緩慢而痛苦地力爭上游四十年，那麼這本書不適合你。

如果你想辛勤工作，犧牲和鍾愛的家人與朋友相處的時間，只為了加班與存錢，好讓自己退休之後可以從事喜歡的事情，延後實現所有的幸福與自由，這本書也不適合你。

如果你想無時無刻都覺得不堪重負、失去控制、過著為別人賺錢與爭取時間的人生、因為要做的事情太多而時間太少而備感壓力，這本書真的不適合你。

「生活槓桿」的主題是什麼？

「生活槓桿」是把生活裡所有死氣沉沉的東西都外包出去。

「生活槓桿」是把生活用來追求最崇高的目標與願景。

「生活槓桿」是活出價值、實現最重要的優先事項、創造財富、締造長遠的非凡成就，並且減少或徹底消除使你無法追求最高目標的阻礙。

「生活槓桿」是活出價值、實現最重要的優先事項、創造財富、締造長遠的非凡成就。

「生活槓桿」也是減少或徹底消除使你無法追求最高目標的阻礙。

「生活槓桿」是發揮時間資源的最大化效果，來創造最偉大恆久的傳承，消除這條路上你無法進行、或者非常討厭的浪費與工作。

「生活槓桿」是實現你擅長的事情，外包你做不到的事情。在最有價值的領域獲得成長，放棄其他的東西。

「生活槓桿」是一種生活方式、操作手法與哲學（請容我在後面的章節詳細解釋）。在任何時候，就算忙到昏天暗地，「生活槓桿」也可以讓你的視野清澈，在腦海裡清楚看見目標與願景。

「生活槓桿」也會給你一種內在知識，可以分辨哪些事情應該做，哪些應該割捨，什麼是優先的重要事情，什麼又是無關緊要的東西。

「生活槓桿」是當下的幸福與完滿，不需要等到退休之後，也可以避免陷入「只要等我辛苦完了就能享福，但從來不可能實現」的幻覺。「生活槓桿」是立刻實現你的願景、目標與傳承，並且持續追求進步。

「生活槓桿」不允許其他人的燃眉之急與問題變成你的負擔。它時時質疑傳統概念與所謂的「做事方法」，破除「努力工作」與犧牲奉獻的規則。

「生活槓桿」是一條反對誤導錯覺的真正捷徑，用來追求更上一層樓的功成名就，並且拒絕做一成不變的事情而浪費時間。

傳統的成功方針是努力工作與奉獻犧牲。犧牲你愛的事情，更努力工作，比別人付出更多時間，早點起床，晚點睡覺，最後一定會成功。

運動員必須著重身體強度，並且訓練特定的技巧與能力，或許適用這種方針。非常著重技術領域的職業，例如醫生與律師，也可能如此。但是，如果你想追求企業成就、時間自由與「生活槓桿」願景，「努力工作」的方針只是一種迷思而已。

事實上，有一種更聰明的方法，但既有的體制不想讓你知道。鮑伯就是因此被炒魷魚。既有體制、公部門與標準化的公司都會為此懲罰你。他們會讓你貼上懶惰與作弊的標籤，甚至讓你感受到罪惡感，因為你沒有辛苦工作，也沒有付出沉重的時間、辛勞與稅金。

絕對不要被他們的權力擺布。

絕對不要被「努力工作」與「保持無知」的誤導與洗腦手法所操控。

我們還有更好的方法——那就是「生活槓桿」。

達爾文時代

在商業與科技的世界，我們處在「最適者生存」的動盪之中，從資訊時代快步邁向可能是科技時代的未來。工業時代早已被遠遠拋下。想用傳統製造力與手工勞力來爭取自由與退休生活的人，他們的處境岌岌可危，即便超時工作，也只能領取低廉的微薄工資。他們早在多年以前就被時代腳步拋下了。

科技時代相當迅速。對於能夠盡早適應的人物與企業家而言，全球互聯與遠距生產早就已經攻占了新時代，而他們非常歡迎這種改變。你可以用手上的精巧設備，在世界各地經營自己的生意；你也可以用免費的無線網路，在別人的伺服器或雲端資源上設立一間商店或公司，無須準備任何員工、商品或存貨，也不用支付任何經常支出。你還可以無償取得全球十幾億的客戶名單與追隨關注者，其速度快如你的日常通訊。你能結合社交平臺與行銷媒體，發揮槓桿效益，一切全都免費。

你也能夠群聚其他人的財產、存貨與企業責任，發展出價值幾百萬甚至幾十億英磅的企業。全球最大的電子商務網站阿里巴巴沒有自己的庫存。訂房網站AirBnB手上沒有任何飯店。優步（Uber）沒有購買任何汽車。臉書更是無須創造任何實際內容。網飛（Netflix）也不擁有任何戲院。

沒有任何實際商業行為的社群網站已經募集了上億資金。推特的首次公開募資（IPO）賣出了價值一百四十二億的股份，而且沒有提出收益模型。臉書在二〇一二年的首次公開募資得到了一百〇四億，當時甚至還沒有推出廣告業務。這些公司都是年輕人在學生宿舍一手打造，販賣「飄渺的承諾」與「未來的銷售」，就能賺取數十億美元。程式設計師與駭客是新時代的富豪名人。

任何人都能夠發表百萬點閱的影片，只要他們的論點夠強。我們的社交生活已經無所藏匿。只要觸碰一個按鈕，就能夠得到任何想要的東西。科技越來越直覺化，知道我們想要什麼，甚至能夠讀懂我們的心，推薦東西給我們，而我們甚至不知道自己想要那些東西。科技明白怎麼讓我們上癮。

舊時代與新時代之間的鴻溝越來越大。擁抱科技新時代，否則你將面對絕種危機。「生活槓桿」哲學融合了簡易上手的科技與追求自由自主的生活風格，讓你學會如何善用科技時代，以最少的付出與時間，獲得最大的益處；讓你明白如何替個人生活與商業發展創造槓桿效益；如何做到事半功倍，外包大小事情，創造理想且彈性的生活。

感謝你閱讀這本書。你關心自己與他人，才會想要用更聰明的方法，達到事半功倍的境界。

〈作者序〉一個最簡單、最省力的工作與生活之道

《生活槓桿》不是一本「時間管理」書籍，而是一種生活哲學，讓我們用更少的時間，完成更多的成就，創造最大的槓桿效益，減少所有的資源浪費。

《生活槓桿》也不是另一本「外包」書籍。我們不會向你介紹幾個網址與方法，來尋找便宜的外包商。這種方法根本無法因應新的時代熱潮。生活槓桿是永續經營的方法，把生活裡無法替你的願景與傳承增加價值與益處的事情，全都外包出去。生活槓桿是立刻「自由」與「退休」的方法，根本不用等到以後。你永遠都可以「小退休」，不需要等到二十年、三十年或四十年之後才能嘗到退休的滋味，大多數的人幾乎都沒有這種福氣。

生活槓桿是一門心理學，也是思考與感受當下的方法，用來追求最大的成功與

進步，而且能夠具體實現——不會在奮力競逐虛無飄渺的「更多理想」之後，感受到一股空虛與不滿。

生活槓桿哲學讓你眼界清晰，自動自發地追求目標，締造傳承，實現你內心自知的潛力，帶來與眾不同的成果。它會時時刻刻提醒你，在實現最高價值的同時，保持成長與進步。你會下意識地知道自己需要做哪些最重要的事情就好，因為你可以收放自如。

你會得到非凡的新現代革新思維，持續尋找通往最佳結果的最短路徑。你會昇華到遊刃有餘的境界，不需要依賴任何人事物。你將成為時間的主人。你會質疑傳統。你會斷然拒絕周遭人物施加在你身上的壓力，不做別人眼中的緊急事情，因為那與你無關。

你可以掌握並且平衡工作、家庭、小孩與熱情，按照自己的想法，均衡而有效率地帶來改變與回饋，根本不需要做出任何犧牲，也不用等到數十年後才開始享受生命的歡愉。

你可以從事自己熱愛的事情，熱愛自己正在做的事情，結合熱情與專業，讓職業與假期合而為一。

本書共分成四個部分：

①概念；

②策略；

③操作方法；

④藍圖。

概念涵蓋生活槓桿的哲學、結構、態度，與思考方式。這個部分將會介紹顛覆既有體系的思維與方法論。

策略描述生活槓桿的宏觀設計、方向、願景，以及如何按照目標，精心追求專屬於你的生活槓桿。

操作方法則是基礎的操作技術，讓你可以「事半功倍，外包大小事情，實現理想行動生活風格」——也就是關於概念與策略的細節與方法。

藍圖描繪「行動生活風格」的宏大計畫模型，其中包括行動生活風格藍圖（Mobile Lifestyle Blueprint，縮寫為MLB）、不同的體系、應用程式、軟體與結構，用來設計並且實際執行遠距行動生活方式，能夠在世界任何角落順利進行，創造非勞動收入以及自由時間。

感謝你相信我能在追求理想與現代生活的旅程上助你一臂之力。恭喜你，你用了非常睿智的方式投資自己。你是自己最棒的資產，你的投資一定會帶來最好的回報，甚至還會有附加的好處。

作為答謝，我準備了兩個特別的禮物。它們藏在這本書裡面，相當有價值，也能發揮極大的效益。我相信你一定會是少數從頭讀到結束的讀者。比起不識字的人，不願意好好閱讀的人根本也好不到哪裡去。

CONTENTS 目錄

Part 2 策略

Part 3

方法

Part 4 藍圖

本書名詞縮寫與其意義：

IGT = incoming-generating task（創造收入工作）

IGV = incoming-generating value（創造收入價值）

KPI = key performance indicator（關鍵績效指標）

KRA = key result area（關鍵結果領域）

MLB = mobile lifestyle blueprint（行動生活風格藍圖）

OPM = other people's money（別人的錢）

OPT = other people's time（別人的時間）

VA = virtual assistant（虛擬助理）

VVKIK = vision, values, key result area, income-generating task, key performance indicator（願景、價值、關鍵結果領域、創造收入工作與關鍵績效指標）

Part 1

概念

第一部分旨在闡述「生活槓桿」這個概念，當中涵蓋了哲學、結構、態度以及生活的思考方式，也是《生活槓桿》反對既有體系的思想與方法論。

偉大的建築家心裡只有一種純粹的建築概念；暢銷書會有反覆強調的單一主題；熱門商業瞄準單一契機，不會想要滿足所有人；而樂團反覆詠唱的偉大樂句或副歌，會使歌曲膾炙人口。同樣的，你也會用生活槓桿理念，精心設計自己的完整人生。

1 沒有時間管理這回事！

「時間管理」是一個非常荒謬的概念，也絕對是工作與生活中最容易受誤解的概念之一。你越是想要「管理」時間，就越是受到時間的奴役。

你無法管理時間，因為時間不會為了任何人而靜止。時間不等人。你不能用任何方式控制時間。時間只會向前走，把你帶到盡頭，完全不在乎你。

既然如此，為什麼市面上會有這麼多的時間管理大師與著作？也許是因為每個人都在尋找捷徑，或者想要知道戰勝時間、省下更多時間的方法。布萊恩・崔西是時間管理策略的全球領導級人物之一，我相當尊敬他，他也是第一個教導我正確時間管理的人。

○時間管理就是生活管理

你不能「管理」時間，你只能「管理」自己。你管理你的生活，包括決策、行為與情緒。這本書的名字不是《時間槓桿》，而是《生活槓桿》，主題是讓你的特質與生活發揮槓桿作用，看起來就像時間變多了。

地球上每個人都擁有同樣充足的時間，可以用來完成美好的事情、留下偉大的傳承給未來的世世代代。

如果別人能夠登上月球、成為億萬富翁、讓家家戶戶擁有電腦、消滅小兒痲痺、成為全世界最好的健身教練、最高薪的演員、最後成功角逐州長，那麼你也可以。比爾・蓋茲與阿諾的一個小時是六十分鐘，一天也是二十四個小時，一週還是七天，他們擁有的時間跟你一模一樣。

因此，**問題從來不是時間的多寡，而是你使用與投資時間的方法。**這才是創造差異的關鍵，可以讓你出類拔萃，或者沒沒無名。

如果你無法及時完成工作，絕對不是因為時間不夠，而是因為沒有妥善管理工作量與工作流程。一開始肯定有足夠的時間，但你的紀律不佳，所以才無法及時完成。

倘若你不做重要的事情，或者無法達成生活平衡，就是沒有效率地管理生活。如果你四處奔波，卻不是為了自己，而是為了別人，忙著讓別人發財，回家時卻一點都不開心，你感到困惑、沮喪甚至不堪重負，其實都是咎由自取。你把時間花在那些事情，實際的效果卻只是浪費時間，沒有替你的人生與願景帶來改變。

每天結束之前，請捫心自問：「我做的事情真的有意義嗎？」假如答案是「否」，那你就是在浪費人類最神聖也最有價值的資源：時間。

時間是有價值的珍貴財富，但時間會緩緩流逝並且追著我們跑。不能妥善利用時間，就等於是浪費時間，沒有任何的「中間地帶」可言。

時間是你的貨幣、資產、創造價值與交易的方法。每個人擁有的時間都一樣。時間是貨幣，你很快就會在後面的章節學會如何妥善利用。

生活管理是一種行動紀律。紀律不代表痛苦、自我否定或犧牲。紀律是追求遠見，用更宏觀的視野，看清楚自己想要成為什麼樣的人、想要走得多遠。你必須時時刻刻做出正確的決定，處理最優先的事情——即使當下沒有這種心情，也不可以動搖。

生活管理其實就是大家熟知的時間管理，重點在於讓其他與時間有關的資產發揮槓桿效果，包括人力、資本、觀念、資訊、軟體與體系，來追求最大化的效果與益處，盡可能減少浪費時間，才能把最多的時間投入到最有價值的事情，追求你的遠見、理想，以及留給後世的傳承。

偷時間的方法

善用外包與槓桿效應，你就可以騙過時間，或者說，用更少的時間完成更多的事情，而不是花更多的時間做更辛苦的事情。時間不是工作、待辦清單與必須完成的事項，而是資產與貨幣，必須理解這一點才能偷到時間。

用客觀的角度區分最優先的事情以及最不優先的事情（甚至是毫無重要性的事情），就可以成功偷到時間。心無旁騖專注在價值最高或者創造最高收入的工作（income-generating task；簡稱IGT），其他事情則可以委託他人、延後執行，甚至完全放掉也沒有關係。

摘要

你不能管理時間，只能管理自己的生活。

「生活槓桿」的哲學精髓在於保存時間資源，以及使用槓桿效益來發揮短時間內的最大生產力。同時，它也關乎於如何用直覺而自發的方式理解你的最高價值、你的生活願景，還有你想留給後代的傳承。而這些事情可以引導你有效率地投資時間，絕對不會浪費任何一秒，或者花時間解決別人的燃眉之急。

2 時間就是貨幣

時間是貨真價實的通用貨幣。早在實施法定貨幣系統、使用硬幣與貴金屬、政府控管貨幣體系之前，人類已經開始使用時間創造產品，提供他人認為有價值的服務，例如補鞋匠與鐵匠。如果不這麼做，他們很可能會活不下去。因為他們沒有購買所需食物的管道，除非他能親自打獵。

人們用時間與熱情創造產品或服務，來交換他人提供的產品或服務。在管制公平交易的貨幣系統出現之前，投入的「時間」就是唯一的貨幣。

投入的時間長短直接影響了時間貨幣的價值，但決定時間價值的關鍵，由該項產品或服務的接受者來認定，而不是你。

因此，時間貨幣的實際價值，取決於接受者認為你投入的時間，對他和他的人

生來說具備多少價值。他們也會因此回報同等價值的東西。這就是所謂的「公平交易」。公平交易是指買賣或供需雙方進行交易時，一致認同的自然平衡。

貨幣一詞的英文為currency，原意是「流動」。貨幣是投入時間的恆動價值交換。金錢是最後的結果，但貨幣才是交易者持續用來交換時間的工具。金錢快速流動，時間亦如是。創造更多貨幣可以帶來更多金錢，這是經濟市場、企業發展或國內生產毛額的意義，它們全都是以金錢形式呈現的時間流動。

假如交易條件不公，或者對其中一方特別有利，另一方會認為自己沒有得到應有的價值，甚至覺得被騙。時間貨幣也會失去價值與流動性，因為買方覺得被騙，開始尋求補償，甚至把不愉快的經驗告訴其他買家，而賣方的價值遭到貶低，沒有足夠的金錢享受休閒生活，更無法負擔日常開銷。

時間的弔詭之處

時間的弔詭在於大多數的人不能，也不打算衡量時間，因此無法準確衡量時間的真實價值。人無法掌握不能衡量的事物，只能決定有形物品與金融商品的價值，甚至花費、浪費所有時間，就是為了得到具體的報酬。

社會不斷強迫你相信這個觀念：正確的生活方式是窮盡一生努力工作，用所有時間交換一小筆金錢，藉此支付帳單、勉強餬口，甚至要你加班、犧牲休閒時間，努力存錢，再用錢「購買」退休後的閒暇時光，才能放手追求心中渴望的東西。

等你來到遲暮之年，時間已經所剩不多，當初準備的退休金越來越少，根本撐不了多久。於是你必須工作得更久、更辛苦，但永遠賺不回這些年的時光。等到終於退休，可以好好做自己喜歡的事情時，也差不多要行將就木了。

工業時代的社會認為生命會經歷三個工作階段：學習年代、爭取年代與渴望年代。學習年代是零到十八歲，爭取年代為十八歲到六十五歲（過去曾是五十歲），渴望年代則是六十五歲之後。你接受填鴨教育，學習如何找工作與發展事業，甚至鼓勵你窮盡一生努力工作，才能在最後享受悠閒的時光，但前提是你必須先成功。

「心碎症候群」是一種疾病或現象，更正式的名稱是「章魚壺心肌症」。這種疾病或症候群會導致心臟暫時腫脹而無法順利跳動，造成呼吸急促、心絞痛，嚴重時甚至可能致死。心碎症候群的起因是帶有壓力的賀爾蒙急遽分泌而引起的生理反應，為退休人員的主要死因之一。他們因為突然失去生活的意義、信念與希望而死，不但看不見未來，也沒有充足的財務基礎。

你絕對不能淪落至此。這種死法太可悲了。你應該體驗充滿活力的獨特充足人生之後，再帶著榮耀與喜悅離開。

◎另闢蹊徑──「生活槓桿」之道

本書要告訴你，你在學習年代就能開始爭取你想要的生活了。你可以讓小孩從四歲開始知道商業與金錢是怎麼一回事。你也可以在車上播放錄音帶，讓他們從小開始用iPad觀賞富教育意義的Youtube影片。他們十三歲的時候就可以設立自己的網路事業，賺取人生的第一桶金。

「生活槓桿」之道代表你可以在爭取年代持續學習，不要因為離開學校就停止學習。持續投資教育與知識，付出的時間一定會有收穫，更能夠增加財務收入。

「生活槓桿」之道代表你不需要等到渴望年代才「退休」。你隨時可以做自己喜歡的事情，喜歡自己正在做的事情，讓你的熱情成為專業，讓工作與假期融為一體。

工作不必是工作，你可以在每個星期、每個月都來一次「小退休」，也可以提前實現人生計畫，而不是延後完成，不必被迫推遲退休。當然，你不見得一定要在生活早期就做完一切（提前實現），導致生活晚期只能完全退休（延後完成）。

我曾經在二〇〇七年與二〇〇九年兩度退休，但我不會再這麼做了，因為實在太無聊了！就像吃減肥餐版本的義大利菜一樣！我撐不到一個月，就決定尋找下一個人生目標。我不想要人生開始凋零。我知道自己過去的「退休」概念是錯的。

我曾經遵守社會對「退休」的定義，但任何想要掌握自己人生與時間的人，都不應該依照這種方式定義退休。

你可以在現代社會的任何角落善用行動科技，從遠端進行工作，就算度假也不受影響。你能夠結合工作與享樂、社交與公務，甚至是熱情與專業，重新定義一切，工作不必是工作。

「生活槓桿」代表你不會在渴望年代只能等待枯萎與死亡。你不必緬懷過去，無須暗自希望自己能夠看著小孩長大，懊惱自己沒有做得更多，甚至後悔當初為什麼要這麼辛苦地工作。

根據統計，人類臨終前感到最後悔的事情分別是：

一、但願當初沒有這麼辛苦工作。
二、但願當初有勇氣做自己，而不是符合他人的期待。
三、但願當初有勇氣表達自己的感受。
四、但願當初與朋友保持聯絡。
五、但願自己更快樂。

有了「生活槓桿」哲學，你不需要因為退休而放棄任何事情。你不會因為無聊與缺乏目標而備受打擊。你的職業與假期已經合而為一，工作與娛樂達到平衡，讓你得以持續生活，活得越久，越快樂。你不需要依賴任何財務或政府補助，這些東西以前都浪費過你的退休金。

「生活槓桿」結合了學習年代與爭取年代，徹底剷除渴望年代，雖然你可能會因此渴望再來一次同樣充實的人生。

你可以寫下自己的生活法則，不必等到時間快沒了，才開始做自己想做的事。你稍後就會學到各種技巧，用來達到時間最大化的效果，把浪費的程度限制在最低。倘若你能夠遵守時間法則，發揮槓桿效應，就可以得到最大的益處。善用生活槓桿哲學，你可以用更少的時間得到更多、擁有更多，並且成為更重要的人。

摘要

生活槓桿哲學的目標，是把時間分配給可以締造最大回報、享受與自由的事物，進而達成時間槓桿的最大化與時間浪費的最小化。

時間是最有價值的貨幣，也是可能腐朽或者產生槓桿效果的商品。

請用其他貨幣的標準看待時間貨幣，謹慎投資與保護你的時間，把時間用在你最重要且最優先的事情。

3 想管理生活，先要管好你的情緒

假如時間管理的目標不是管理時間，而是管理生活，那麼生活管理的目標就是管理情緒。你如何經營情緒，將會決定你的生活。

如果你可以管理自己的情緒，為此承擔責任——平衡情緒、控制負面情緒，加上採用策略性的決策處理情緒，而不是被動地被情緒主宰，你會非常喜歡自己的生活。

情緒的3M分別是指：

第一階段：濫用情緒（Misuse）。

第二階段：管理情緒（Manage）。

第三階段：主宰情緒（Master）。

○第一階段：濫用情緒

「濫用情緒」是指你成為被情緒影響的結果，而不是創造情緒的人。你被情緒控制，而不是主動控制情緒。

你是否曾經做過讓自己後悔的事情？你是否曾經用惡劣的方式回應某種情況或對待某個人，但如果你可以保持冷靜、自制，就不會這麼做？你當然會，我們所有人都會。對許多人來說，這是他們一生反覆出現的情緒規律：

感受到強烈的情緒↓根據上述情緒，負面地對待某人↓後悔↓重蹈覆轍。

絕大多數的人都是情緒反應的奴隸。這種現象也是我們無法掌握人生的最大因素。被情緒奴役，是成功路上最大的絆腳石，更是造成不幸、自尊低落與關係破裂的最大原因。

事實上，大多數的人甚至不知道他們可以控制自己的情緒，這點令人相當遺憾。他們認為自己會根據環境隨機狀況而自動產生回應，完全沒有任何控制意識可言。但這本書的主題不是「自我發展」或「情緒管理」，讓我們把情緒管理議題聚焦在與「生活槓桿」有關的部分。

- 優先進行重要的工作。
- 專注在最重要的一件工作，不要切換目標。
- 優先處理困難的事情，速度要快。
- 管理自己的時間資源，不要被別人牽著鼻子走。
- 誠實地問自己：我是不是在做最有價值的事情？
- 做好時間分配，優先規畫願景與策略，不可以因為實際工作與急事而延後。
- 弄清楚你在每一天的哪些時候，會有最好的表現和最差的表現，再把高優先度的工作與低優先度的工作分配到相對應的正確時間。
- 遠離令人分心的事情，創造充滿專注力的時間。

上面的練習範例，可以讓你從第二階段的管理情緒，進階到第三階段的主宰情緒，細節請見第三階段的說明。

第二階段：管理情緒

察覺情緒才能管理情緒。情緒會有高低起伏，每個人都一樣。但你也可以跟自己聊聊，回應自己，並且理解到正確使用與投資時間的方法，而不是錯誤地浪費時間。

你這麼精明，而且相信本書也不是你第一本「教學手冊」。你可能早就知道一些節省時間與管理時間的策略。知道歸知道，實際上你還是很忙、怎麼都做得不夠、待辦事項越來越多。覺得不堪重負。想要在工作、生活、健康、旅遊與家庭種種承諾裡找出平衡，你想要效法那些成功人士，你明明就知道自己可以的，卻一直沒辦法像他們一樣成功。

你可能同時處理太多工作，或者接了許多賺錢用的兼職，甚至被行政工作困住了，也許是心裡覺得不能輕易放手。

是時候「外包」別人來做你不喜歡或不擅長的事情了。

◎第三階段：主宰情緒

當你主宰自己的情緒，就可以在情緒湧現之前，早一步知道自己會有什麼感受。你明白什麼東西會觸動你的情緒開關，所以可以避免自己陷入那種情況（或者說，你就像把自己放在一間充滿軟墊的小房間一樣，身上穿著拘束衣，讓自己免於受傷）。

你知道自己什麼時候狀況最好，什麼時候最焦頭爛額，什麼時候比較能夠專心。你也清楚如何規畫一切，還能夠預料外在世界會如何擾亂你在上個星期、上個月或者昨天晚上擬定的完美計畫。

你知道自己擅長什麼、不擅長什麼（並且坦然接受自己的弱點）。你很清楚自己的人生要追求什麼，明白各種價值的優先順序，知道自己想要留給未來的世世代代什麼樣的傳承，還有你希望他們如何記住你。

你時時規畫與檢視自己的願景、價值、關鍵結果領域、創造收入工作與關鍵績效指標，把最重要的時間留給擬定策略與規畫願景，把低價值的工作交付給別人或者乾脆捨棄不做。危機來臨時，你保持韌性與冷靜，尋找解決方法，並且思考自己能夠如何幫助他人，而不是要求別人給你重大的權力與影響力。

○主宰你的工作

當你能夠主宰情緒，就可以更有效率地管理自己與工作。以下的八種練習範例，是工作管理的大師們用來擬定工作並且主宰工作的方法。

①優先進行最重要的工作

即使重要的工作非常艱困冗長，但你很清楚它的價值，所以這些工作一定要努力完成。你大可以把工作拆成好幾個部分，或者設定小目標。在每個項目間讓自己稍微休息一下。

②專注在最重要的一件工作，不要隨便切換目標

突然想要上網或瀏覽臉書時，必須堅持說不。說服自己、管理自己，並且專注於眼前的工作。只要想起一大堆的工作，排山倒海的壓迫感就會迎面而來，擺脫這種感覺的唯一方法，就是純粹而專注地處理眼前的工作，因為這是完成巨大待辦工作清單的最快方法。

每一次切換目標，就要花費更多的時間重新開始，還要讓頭腦再度專注運作，這是非常可怕的時間浪費。專注在眼前的工作，可以節省時間與工作精力。

③優先處理困難的事情，而且要快

不可以拖延吃力的艱難工作，必須立刻著手進行。瞄準要害，一口氣徹底打倒它們。布萊恩・崔西曾說：「把青蛙吃下去。」意思是說，如果每天最糟糕的開始是吃下一隻活生生的青蛙，只要你做得到，接下來只會漸入佳境。

我也不知道為什麼有人可以想出這麼無厘頭的比喻，但他的意思是要我們優先完成艱困無比的工作，甚至必須連想都不想就先做，否則這個問題會惡化膨脹，壓力也會打垮你，讓一切變得更為困難。

只要「吃下青蛙」，你一定可以心滿意足，也會鬆了一口氣。你的頭腦會分泌帶來快樂的腦內啡，這種賀爾蒙會讓你感受到無比的成就感與自尊，欣然面對下一個艱困的挑戰。

紀律會督促你做應該做的事情，就算你心裡不願意，只要思考事情完成後的成就感，就可以讓你獲得能量，向前邁進，完成艱困的工作。

④管理自己的時間資源，不要被別人牽著鼻子走

這個世界會拉著你東奔西跑、扯你的後腿，除非你可以根據自己的願景、價值與關鍵結果領域來規畫時間。

你其實可以客氣地拒絕，推掉不重要的事情。除此之外，你必須明白，假如你沒有自己的計畫，就會變成別人計畫裡的棋子。當別人苦苦哀求，說他們沒有你不行時，千萬不要心軟，你可以獨立自主，設下界限，防止時間溜走。

⑤誠實問自己：我是不是在做最有價值的事情？

每個人都會自欺欺人，編織出很爛的藉口或故事。每當我們說：「明天再做吧！」，其實內心的想法都是：「我永遠也不會做！」這點相信你自己心裡有數。

千萬別相信內心那個無恥的聲音，它想說服你，讓你以為自己「已經很努力了」，但其實你只是把文件翻來翻去八、九個小時而已。你可以有效率且明快地分出事情的輕重緩急，不需要責怪、抱怨或找理由。

⑥做好時間分配，優先規畫願景與策略，不可因實際工作與急事而延後

規畫願景與策略是最重要的任務。向團隊伙伴傳達你的願景並訓練他們，也是高優先的任務。但只要忙起來，很容易會忽視這個部分。因為，和眼前急需立刻著手進行的工作相比，規畫願景與策略顯得較不重要或急促。

做好每天的時間分配，把每天每週最有活力的時間，用來進行高優先的策略、願景與整體時間規畫，這段時間一定要預留下來，不能讓任何人干擾，也不允許任何實際工作或緊急事件阻撓。本書稍後會解釋做時間分配的具體作法。

⑦弄清楚每一天戰鬥力最強與最差的時段，再把高優先度的工作與低優先度的工作分配到相對應的正確時間

你很了解自己，知道喝過咖啡或剛起床時的狀況最好，所以要把這段時間用來規畫願景與策略，從事高效能的關鍵結果領域工作，以及價值創造工作。

如果你在下午一點到三點之間，會陷入俗稱的「飯後嗜睡症」，就應該把低價值的工作或者瑣碎的行政事務放在該時段，那麼就算沒有做完，後果也不會很嚴重。你必須在狀況最好的時候，處理價值最高的事情，把瑣碎的工作安排在狀況比較差的時段。

⑧遠離令人分心的事務，創造充滿專注力的時間

如果你有更重要的事務要專心處理，或是想把心力投資在報酬率較高的工作上，而電子郵件、網路還有社群平臺又不是你工作的一部分，那麼建議最好把這些全部關掉。還有，待在一個不會受人打擾的地方，不要讓自己的身邊充滿誘惑。要是你想成功減重，那就應該清空冰箱與食物櫃，同樣的道理在工作上也適用。

我在寫這段話的時候，可沒有登入臉書或者檢查電子郵件唷。

為什麼你這麼相信自己的「自制」能力？為什麼不找教練、導師或者大師幫忙？在追求成功的道路上，找一個人來理解你的理想願景，他可以時時要求你，讓你負起責任，繼續追求更上一層樓的功名成就。我接觸過的每個成功人士，或者我研究過的對象，全都受教於教練或者導師，甚至兩者皆有，而且為數眾多。我們會在本書之後的內容探討如何達成這個目標。

摘要

情緒的3M是指：濫用情緒、管理情緒與主宰情緒。掌握情緒不代表你會變成一座冷冰冰的機器，感覺不到痛苦、負面情緒以及脆弱情感。重點是了解自己，推測自己在什麼時候會有什麼感受，建立自己的生活方式、環境以及體系，好讓自己保持專注。

管理情緒，就可以管理生活，才能夠成大事。

4 努力工作的錯覺

在「追求成功」的傳統箴言裡，最大的迷思與錯覺之一就是：「努力工作」。

比任何人都還要努力，吃得苦中苦，方為人上人。奉獻、犧牲，走得更遠。永不放棄。就算再痛，也要走完。像男人一樣站起來，勇敢接受挑戰。

如果我們說的是鍛鍊身體，或者參加最高難度的運動競技，這種想法或許沒錯。但如果我們在討論你的職業志向，還有時間投入，那麼，你該考慮的事情就更多了。

首先，你必須選擇正確的時間投資方式。如果某個職業志向，幾乎不太可能為你帶來美好的人生，但你卻為它賣命、投入許多時間，做出極大的犧牲，這是相當瘋狂且不合理的事情。世上很多人都陷入這種情況，這樣的人就猶如行屍走肉一般，只是基於社會觀感而強迫自己工作。

如果你每週工作六十小時，希望三到五年可以升職一次，但增加的薪水卻比不上通貨膨脹的速度，甚至要延後享福，不能在你喜歡的時間與地點，陪伴你愛的人，一起做你喜歡的事情。倘若如此，努力工作與持續付出，最終只是泡影。

如果你把大半的歲月都獻給一種特定技術，但科技發展或經濟環境的周期性變動，很可能使這種技術無用武之地，導致你在黃金年代只能仰賴政府照顧，那麼努力工作與持續付出，最終只是泡影。

如果你花時間工作，只是讓別人變得更富裕，根本沒有直接改善自己的經濟狀況，那麼努力工作與持續付出，最終只是泡影。

最常見的迷思，是認為投入的時間與所得成正比，意即：工作的時間越久，越辛苦付出，就會得到更多。但事實並非如此，因為時間與金錢都會產生邊際效應遞減現象。

超時工作的迷思

為了賺取那一丁點兒額外收入，員工只能超時工作。但超時工作又是另一種迷思，讓你誤以為自己賺到更多。事實上，你投入再多時間，換回的收入也不會成正比。

你賺不回你所付出的時間，而且，因為超時工作而增加的必須用品與費用，並不會改善你的財務狀況，反而逐漸增加你的支出。

為了保持與過去相同的財務狀況，你必須賺更多錢，壓力也會隨之提升，但你卻必須做更多的超時工作，而通貨膨脹又緊追在後。

傳統的思維只會造成傳統的結果。傳統的員工如果還是守著「埋頭苦幹、超時工作」的思維，確實可以創造財富與一番事業，但大多數的成果都會落到企業主手上，或是淪為國庫稅金。

員工被這個精密的陷阱困在房屋貸款、日常支出、財務安逸的錯覺與退休的美夢裡，但真相是，國家可以隨時隨意挪用你的退休金，無須提出任何事前通知。除此之外，只要一則簡單的法令修改，你的工作職務就會變得多餘無用，或者，你的老闆隨意做一個決定，你就會立刻失業。

◎不快樂也不健康的工作

根據研究，以下是員工最常出現的負面感受，也會讓事態變得更糟：

- 我覺得沒人欣賞。
- 我在這間公司沒有明確的目標。
- 我不覺得自己創造了非凡成就。
- 我的老闆不在乎我。
- 我覺得自己無關緊要。
- 我的工作目標不切實際。
- 我沒有足夠的休息時間可以充電並且集中專注力。

根據英國倫敦大學學院（University College London）在《刺胳針醫學期刊》（*Lancet Medical Journal*）提出的研究報告指出，相較於一週工作三十五到四十小時的人，一週工作五十五小時的人，中風的機率提高了33%。一週工作的時間越長，中風的風險越高。一週工作四十一到四十八小時的人，中風機率提高10%，一週工作四十九到五十四小時的人，中風的機率則提高了27%。除此之外，超時工作的人罹患冠狀心臟病的機率也提高了13%。

看了以上這些數值，誰還會相信員工六十五歲時可以「退休」？他們說不定根本撐不到六十五歲！

○退休金

有關退休金的統計數字更糟糕：

- 超過六十五歲的英國人，高達99.7%的人沒有準備退休金。
- 在即將屆滿退休年齡的英國人中，88.2%的人必須仰賴國家準備的勞動退休金，但政府根本沒有辦法支付這筆錢。
- 如果現年三十歲的一般上班族想在六十五歲時順利退休，一個月必須存下八百二十四英磅。英國人的平均年薪是兩萬五千英磅，因此必須省下將近一半的月薪才能實現目標。

- 現年三十歲的人，如果在六十五歲時退休，並且依賴國家準備的勞動退休金過活，每年只能領取七千五百英磅，等於一週一百四十五英磅。
- 總額三萬英磅的勞退準備金，只能給付一週三十五・八一英磅的退休金。
- 英國公民的勞退金平均不足差額為37%。
- 29%的英國人沒有存款，46%的英國人把錢存在低利息的銀行帳戶，65%的成年人沒有準備退休後要用的存款。
- 在**FTSE**（富時指數有限公司）百大企業裡，許多公司準備的勞退金都面臨巨大赤字，其中三分之一永遠不可能轉虧為盈。
- 在**FTSE**百大企業裡，每三英磅有二英磅是用在填補過去的赤字，而不是照顧現在的員工。
- 十萬英磅的勞退準備金只能換來每年五千多英磅的退休金。

幾乎沒有證據可以顯示，大多數的受薪階級感到快樂、健康、自我實現且受到珍惜。他們覺得沒有自由，也沒有選擇，不能決定自己的命運，而且他們還被矇在鼓裡，以為自己很安全。事實上，這種安全感反而讓他們暴露在最大的風險當中。

○稅金

如果你是企業家，可以從客戶那裡拿到預付款。你也能夠把營業增值稅加到款項裡，再向客戶收取現金。由於幾個月之後才需要繳稅，所以你還可以先把這筆理論上必須繳納給政府的錢，放在手上一段時間。你甚至能夠賺到一點利息。

當你進行商業購買時，會要求賣方在總金額裡扣除營業增值稅。你可以在法律允許的程度裡竭盡所能地照顧自己的企業。大多數的人還是不知道有這麼多的方法可以抵扣稅金。事實上，英國稅務局的網站上已經白紙黑字地列出這些項目了。

公司所得稅的繳納期限是十八個月，你可以在這段期間，用公司成本支出來抵扣稅金，增加實際的利潤。等你結算利潤之後，只需要繳納個人稅務。如果你的公司是有限公司，你還可以降低個人薪資，轉換成持股；假如是有限合資公司，你只需要支付個人稅金，而且同樣可以用公司成本抵扣。

但員工的情況完全不同。個人稅、國家保險與學生貸款，會先從你的收入裡扣除。你只能從薪資條的印刷數字，知道自己實際賺到的錢有多少。你可能以為自己的薪水高達六位數，但裡面有一半用來繳稅。換句話說，薪水裡面有將近一半的錢，你從來沒有機會看到。你沒有任何能夠抵扣的支出，完全沒有機會降低稅金。

所以你的薪水只有55%會進到戶頭。燃料稅是20%，食物、菸草與酒精飲品稅也是20%，衣服、電子用品與肉類產品的稅金同樣是20%，購買房地產時的稅金大多是2%到12%，除此之外，居住在房子裡面也要支付市政稅。**（譯註：市政稅，原文為council tax，為英國的稅務項目，用來支付當地政府所提供的公共環境維護與修繕服務。）**

基本上，你還必須替很多東西買保險，例如汽車、房子、家俱衣李、旅遊……等。每筆保單會被課徵5%到17%的稅金。換句話說，你實際上被課稅兩次——保險費用跟保險產生的稅金，簡直就像被剝了兩層皮。

如果你有賺到錢，還要支付所謂的「資本利得稅」，這筆稅金目前約為18%到28%，能夠扣除額度也非常少。

最糟糕的是，當你死後，任何超過十萬英磅的地產（這個金額可以在肯辛頓或切爾西購買一座車庫）都會被課徵遺產稅，最高額度為40%。

以年薪六萬英磅來說，做為員工時，總收入的60%到70%會成為稅金。這不是什麼好消息。雖然是你的薪水，但你是最後一個拿到的人，排在政府、帳單、媒體收視費用以及日常支出之後。雖然令人心寒，但這是事實。每賺一英磅，你大概只能用三十五便士（譯註：一百便士為一英磅）。

擁抱商業新時代

掌握自己的財務與情緒生活，並不像大多數人想得這麼難。網路給了我們全世界的資訊，整理得井然有序，搜尋簡單並且容易吸收。

只要按下一個鈕，你就能夠使用免費的無線網路，設立亞馬遜或ebay的線上商業帳戶，無須支付任何費用。

你可以賣掉一些再也用不到的舊物品，積累少許的創業資本，來進行更多的商業買賣。你不需要進行前置作業、準備存貨或者支付經常費用。你可以透過點對點的線上模式以及線上募款網站，募得更多資金。你也可以經由社群網站找到線上客戶，費用相當低廉，甚至免費。你能夠在世界任何角落，免費地替自己的生意或熱情建立品牌，打響名號，經營熱情的粉絲群，一口氣在網路上爆紅，甚至做到全球聞名。你還可以用低廉的成本快速打造各種APP與應用科技。

你只需要一個接通網路的設備，就可以經營自己的生意。客戶用信用卡或者手機購買之後，經由光纖網路的光速資料傳遞，你很快就會收到款項。

許多人還是認為這些事情很難。對於大多數人仍然堅持相信「努力工作」這種錯覺的情況，我有三種解釋：

- 大多數的人不曉得怎麼創造生活槓桿；
- 他們覺得自己沒有辦法創造生活槓桿，或者……
- 他們不知道自己還有選擇。

立刻做出選擇

請你想像一下，如果重新開始不會有任何風險。請你想像一下，如果在重新開始的過程中，一定可以得到幫助，讓你做喜歡的事情，讓你喜歡正在做的事情。再請你想像一下，如果你可以完美地平衡工作與生活。沒錯，你現在就可以做到一切。

這就是祕訣：

①根據你的能力，選擇一條阻礙最少而沒有極限的職業道路。
②讓工作成為假期，專業也是熱情。
③研究你崇拜的成功人士與心目中的偶像，效法他們的做法。
④弄清楚應該要堅持什麼，又應該要放棄什麼。
⑤讓生活槓桿成為你的人生哲學。

現在，讓我們看看每一個方法的細節。

①根據你的能力，選擇一條阻礙最少而沒有極限的職業道路

這才是真正的安全感。如果你現在的工作與職業發展會限制你，你就待錯地方了。在剛剛「如果重新開始不會有任何風險」的劇本裡，你可能會選一個新的職業，收穫潛力沒有極限，而且角色、職位與生涯發展的空間也同樣沒有極限，你甚至可以接觸到無數的客戶，擁有無窮的能力可以創造不凡成就，甚至毫無限制地把觸角延伸到全世界，無盡的自由、創造與企業精神，就連你的能力也是不可限量。

你應該不想把工作所得的一半薪水拿去繳稅，甚至還沒看到薪水，就已經被預先扣款了。你應該也不願意做一份工作，必須等三十五年才能成為新進合夥人，還可能因為一位「資深人物」的想法或者法規改變，就被奪走這份成就。

那麼，你到底為什麼不在今天就下定決心做出選擇呢？

②讓工作成為假期，專業也是熱情

如果你愛你所做，做你所愛，根本就沒有有放棄私人時間或者犧牲假日這回事。為什麼一定要花費大半輩子做你討厭的事情，只為了掙得少許的時間與金錢，好讓你在所剩無幾的日子裡做真正喜歡的事情？

你的人生不需要走到這種地步。你可以結合專業與熱情，或者找到你最擅長並且非常喜歡的職業，讓生活槓桿哲學發揮效果，外包其他事情。

你還記得「如果重新開始也不會有任何風險」嗎？你當然可以選擇熱愛的事情，不用害怕自己會因而賺不到錢。我們稍後就會詳細解釋如何結合熱情與專業。

③研究你崇拜的成功人士與心目中的偶像，效法他們的做法

你的偶像很有可能擁有你夢寐以求的生活，你也很清楚他們早就學會了如何結合專業與熱情，並且根據生活槓桿哲學，做到事半功倍，外包所有低價值的工作。

如果他們做得到，你也可以。他們大多數都是白手起家，此外，正如你奉他們為偶像，他們心中也有崇拜的人物。

因此，想要創造你的理想生活，最輕鬆、安全且迅速的方法之一，就是研究他們的生活與方法，讓他們的旅程成為你的路標，效法或模仿他們邁向顛峰的方法。

這種想法非常簡單，你可能覺得人人都做得到。問題是，大多數人都以為這很難，根本不可能，還以為偶像人物有什麼能耐，不費吹灰之力就做到了。他們也可能只是嫉妒與憎恨成功人士。事實上，大多數的人都在同一條起跑線上，成功人士只是找到了各種系統方法與策略，能夠在最短的時間內，發揮最大的槓桿效益，抵達他們的目的地。

財富是很重要的指標，畢竟大多數的人都對錢有興趣，也想變得更富有，除此之外，財富分配的情況也相當兩極。根據樂施會（Oxfam）最新的報告指出，全球一半的財富分配在百分之一的人身上。資料顯示，全球百分之一的人擁有的財富比例，從二〇〇九年的44％，提升到了二〇一四年後期的48％。全球80％的人口只擁有總財富的5.5％。你覺得誰最喜歡抱怨？當然不是有錢人！（譯註：樂施會是處理國際發展與救援的非政府組織，以解決飢荒為主要使命，現在也關注國際貿易、教育、社會正義等議題。）

從當前趨勢來看，最富有的百分之一會在兩年之內擁有超過全球半數的財富。全球最富有的八十五個人，也就是所謂的「全球菁英」，他們所掌控的財富，與地球上最貧窮的另一半人口的總財富一樣多。這些全球菁英總計擁有一兆英磅，地球上最貧窮的三十五億人口總財富也是一兆英磅。

全球百分之一的有錢人擁有一百一十兆美元，這個數字是地球上最貧窮的另一半人口總財富的六十五倍。所以你想學習誰的生活槓桿策略？是百分之一成功人士的策略，還是其他百分之九九的策略？如果別人可以成為白手起家的富豪，你當然也可以，就從現在開始吧！

④弄清楚應該要堅持什麼，又應該要放棄什麼

下一章會有一部分在討論「放棄」這件事。在極度鼓吹個人發展與成功的功利世界裡，通常會認為半途而廢是弱者的表現。但只有當你放棄某個高價值、高收入與極度重要的東西，放棄才是不好的。

如果你放棄的是沒有價值、回報率低的東西，那這麼做反而是最聰明、堅強且

有勇氣的事情。不要因為別人說「放棄是弱者」，就因此白白浪費好幾個小時、好幾個星期、好幾個月，甚至好幾年的時間。我當初就是因為這樣，才繼續讀完建築系的大學學位。你會明白如何發自本能地分辨什麼事情應該堅持，什麼事又該果斷放棄。

⑤讓生活槓桿成為你的人生哲學

知道自己應該做什麼，並且做你拿手的事情。不要陷在別人替你擬定的人生計畫裡。萬萬不可人云亦云，隨波逐流。你要用自己的方式，活出自己的人生，採用「生活槓桿」哲學，追求事半功倍，外包大小事情，創造專屬於你的理想生活。

結論

社會常見的標準，讓我們相信比任何人付出更多時間、更辛苦工作，就會讓我們變得更好、更富有，也更快樂。但這是錯覺。你只會犧牲了很多東西，弄得身心憔悴，卻是為了得到根本不可能實現的退休生活，最後連享受退休的時間都沒有。

你的生活與理想，應當採用生活槓桿哲學，有系統與策略地工作，發揮時間的最大化效果，專注在自己的願景，並且堅定拒絕任何無意義的工作與時間浪費。

5 「工作與生活」均衡的迷思

另外一個常見的大眾錯誤迷思，就是「工作與生活的均衡」。

如果你的一生花了超過三分之一用來工作，時間甚至長達五十年，必須延後退休享受幸福與自由，更別提愉悅的退休生活可能不會實現，而且肯定不會跟你的工作時間與「爭取年代」一樣久，這怎麼算得上均衡？

你工作的時間甚至比睡覺還多，超過了遊玩、探索、創造、分享、給予、生活、學習與愛的總和。這樣一點都不均衡，簡直是自我奴役。你根本不會想讓自己的孩子過這種生活，為什麼你自己卻願意接受？

為什麼你長久以來都在做這些你所痛恨的事，花這麼少的時間從事自己喜歡的事？這樣一點都不均衡。

你犧牲了整個星期的時間，只為了換來短短的週末可以做自己喜歡的事情，這樣算得上均衡嗎？

週間工作、週末休息，這是社會強加在你身上的週期重擔；早上八點開始工作，下午六點休息，則是公司強加在你身上的重擔；要工作才能養家餬口，是資本主義強加在你身上的重擔；上班的時候必須先工作一個月才能拿到延後一個月給付的薪水，還要先扣除所有的稅金與國家保險額，這是政府強加在你身上的重擔。**你一定要根據別人強加在你身上的規則過活嗎？**

當然不用。如果你知道別的方法，你就還有選擇。所以你必須了解什麼是「生活槓桿」哲學。

鐘擺從一端盪到另外一端時，在中間停留的時間非常短暫。大多數的時候，鐘擺都在擺盪，只會迅速經過中間點，立刻前往另外一端。

這就是工作與生活均衡的真相，也是焦點目標的運作方式。焦點目標在哪裡，能量就在哪裡。但如果焦點目標消失，很多事就會開始腐朽。

你永遠無法平衡時間與工作，因為那就像期待鐘擺停在正中央一樣，是不可能的事情。有時候你會處在工作的那一端，掌握自己的財源收入與職業發展，卻沒有辦法如願付出足夠的時間在家庭身上。而某些時候，你享受美好的家庭生活，但你的職業發展停滯，也沒有辦法賺到足夠的金錢。這才是時間、生活與專注工作的真正運作方式。這些事情絕對無法等量齊觀，更無法取得均衡，只會處於各種極端狀態，例如「關注或不在乎」、「成長或衰退」、「精通擅長或亂七八糟」。

能夠掌握時間與生活的人早就突破既有規則，創造出自己的一套生活之道。他們知道更兩全其美的辦法。

你曾經看過超級成功的人一直跟你談工作與私人時間的均衡嗎？沒有吧？他們絕對不會抱怨工作，因為他們不是非常熱愛工作，就是非常不喜歡工作。然而他們心裡肯定會有一幅更遠大的願景，引領他們完成一切。

這不是因為成功的人感覺不到痛苦，或者無時無刻都非常喜歡自己做的事情，而是因為他們心裡有更明確的目標，所以能夠滿懷感謝地付出，並且本能地知道自己應該做什麼，即便從短期的角度來看會非常煎熬。他們明白如何配合鐘擺，順勢而為。

以下的方法可以讓你克服「我還沒掌握工作與生活均衡」的感受：

①不要區分工作與生活（非常詭異的概念）。

②更清楚地認識自己的生活，並且明白生活的目標。

③放棄不重要的事情。

④果斷放手，勇敢說「不」。

①不要區分工作與生活

工作就是生活，生活就是工作，兩者永遠都是一體的。你工作的時候，生活並不會因此停下腳步；同樣的，你享受生活的時候，工作也不會等你。

在工作的時候，你偶爾會做一些自己喜歡的事情，因此覺得很有意義與價值；但是，在享受自己喜歡的事情時，也可能要做一些你不喜歡的事情，甚至因此倍感羞辱。

既然你逃不了這兩種極端的情緒，所以「工作就是痛苦」與「不工作就是快樂」的想法其實是一種錯覺。跟著鐘擺順勢而為吧，專注在眼前的事情，竭盡所能地付出。無論是你喜歡的事情，還是你必須完成的討厭工作，都要全力以赴。

想要得到最大的幸福與自由，並且主宰大多數的時間，你必須選擇一份同時能夠成為熱情的職業，並且結合工作與假期。如果你做得到，就不需要等到鐘擺盪到其中一個端點時才工作，或者到另一個端點時才享受生活。

讓工作與生活合而為一，是非常可行的實際想法。你可以待在家裡享受工作，工作時享受假期與社交旅遊。盡情享受「小退休」生活，不要等到年老時才實現夢想。

讓你付出更多努力與時間的條件只有一個，那就是發自內心的喜歡，創造非凡成就的企圖。待在家裡就專注家庭，坐在辦公室就專注工作。讓你的家庭生活與嗜好更能融入工作。你要更有行動彈性，才可以讓家庭、工作與旅遊三者之間不再如此壁壘分明，就可以改變工作時倍感壓力，只有假日才能放輕鬆的傳統情況。

打破社會加諸在你身上的僵化結構，創造適合生活與願景的規則。就算你變得執著，就像大多數富有熱情的成功人士一樣，也不代表一定會犧牲「小孩的童年」、「家庭時光」或者「友誼」。

為什麼你一定要區分「職場的朋友」跟「生活的朋友」呢？為什麼不把他們結合在一起？現在開始享受完整人生，就不用等到晚年。想辦法找到均衡，更不必逃避任何事情。不要區分週間與週末，在任何時間與地點，都要享受人生。

②更清楚地認識自己的生活，並且明白生活的目標

找到一件讓你執著的事情，彷彿你是為此而生，你會因而得到無比的自尊與目標，也會讓別人對你刮目相看。如果沒有這種效果，就不要做。不要滿足所有人的期望。你應該要追求極端，極端專注在願景與目標，極端捨棄其他不重要的事情。

工作的時候，如果你知道自己為此而生，還能夠創造金錢收入並且締造不凡成就，工作就不再只是工作。當你的熱情就是職業，工作就不再只是工作。當你想要變成一個更好的人，而你的願景變得更偉大，讓你每一天都能夠同樣面對挑戰並且感到滿足，工作就不再只是工作。本書後段很快就會開始討論願景與價值。

③放棄不重要的事情

當你只缺臨門一腳，卻放棄追求很有價值的目標時，最後只會帶來「短期而言相當輕鬆，但長期來說非常痛苦」的結果。

遇到困難就趁早放棄，經常被認為是一種弱點，代表你缺乏願景與遠見。不斷砍掉重練，只會浪費你許多時間，最後還是無法達成目標。

然而，在某些時候，如果你做的事情無足輕重，那麼想要放棄也是很正常的。

為什麼要跟隨世俗的眼光，認為放棄是弱者的表現呢？或只是因為這件一點都不重要的事情已經快要完成了，就繼續做下去呢？

我大學選了建築系，入學以後兩個星期，就從心裡明白這不是我想要的。我堅持了一百五十四個星期，只為了不讓以後根本不會遇到的人說我放棄。他們不認識我，我為什麼要在乎他們呢？你也應該想清楚！

以我的例子來說，我太笨了，所以不知道自己應該放棄。我在大學裡浪費了三年，如果拿去做更有意義的事情，一來一往，代表我失去了六年的機會。

現在就放棄不重要的事情吧。放棄就對了。放棄你根本不可能成功的事情。放棄你發自內心討厭但卻被逼迫去做的事情。但絕對不要因為情況變得艱困，所以放棄會讓你變得不同的事情。

只要能夠了解其中的差別，就能夠讓你完成願景、獲得自知與智慧。你現在距離重要的事情是否只差臨門一腳？或者，你離成功還很遠，但這個目標一點都不重要呢？

④果斷放手，勇敢說「不」

不要因為別人期待你變成什麼模樣、做什麼事情，就逼自己配合。外部的同儕壓力令人疲倦萬分，而且會讓內心陷入掙扎。放棄所有無法幫助你追求願景與價值的事情，讓其他人來做吧！他們可能非常喜歡也很擅長。不要妨礙他們，讓他們自主，讓他們振翅高飛，絕對不要干預他們。

當你做到斷捨離，承認自己不是萬能，把時間、精力與熱情，投入在對你自己、你愛的人以及你所服務的人來說，更有意義並且能夠帶來改變的事情時，你就會感受到自己多麼自由。無論你說什麼或做什麼，其他人一定會對你品頭論足，所以你只需要保持優雅與謙遜，說正確的話與做正確的事情就夠了。

摘要

追求工作與生活的平衡終究徒勞無功。

生活就像鐘擺，很少停留在中間，只會不停往兩極擺動。焦點目標在哪裡，你的能量就會在哪裡。正確的方法是結合專業與熱情、工作與假期。不要犧牲任何東西，創造你自己的規則，拒絕資方、社會與外部期待所加諸的限制以及工作時間規則。根據你的價值與願景，做你熱愛的事情，放棄消磨時間的瑣事，勇敢說「不」，實踐「生活槓桿」的生活方式。

6 生活槓桿的定義

槓桿是穿著科學外衣的藝術。簡單地說，槓桿的目標就是事半功倍。用少許的錢，賺到更多的錢。用少許的個人時間，爭取到更多的時間。用更少的付出，達到更多的成果。槓桿也被稱為「最少心力法則」以及「80／20法則」。

給我一根槓桿，我就可以舉起全世界。——阿基米德

很多人還是不相信槓桿原理。他們已經被洗腦了，所以相信工作得越辛苦，就能賺越多錢。你必須「吃得苦中苦」並且「奉獻犧牲」才能夠「掙一口飯吃」。但是，生活是一種權利，無須奮力爭取，也可以好好享受。

每個人其實都體驗過槓桿效應。可能是主動創造槓桿，或者是被動成為其他人的槓桿。你如果不是獵食者，就會變成獵物。你可以當老闆或員工、主人或奴隸、領導者或追隨者。這些角色彼此配合，但其中只有一個人主動舉起槓桿，另外一個則是被槓桿舉起。

明白了嗎？你可以善用槓桿，爭取益處，大步向前追求理想的願景，用別人的錢投資獲利（例如銀行與合資人），投入自己的時間與別人的時間並且得到回報。但是，你也很有可能面對這種情況：替別人的偉大夢想工作，被他們的槓桿舉起，放棄自己的時間，只為了領取那微薄的時薪（而且無法獲得任何殘餘價值）。

如果你替別人工作，而且非常不開心，或者你為了錢而工作，只要不工作就會沒錢，也沒人替你工作，那麼你就是被別人的槓桿控制了。

他們正在壓榨你，你處在食物鏈的最底端，付出最多卻收穫最少。你擁有的控制能力與自由最少，也可能是最不快樂的人。

大多數的人都被洗腦了，以為時間、工作與金錢彼此之間有正相關因果關係，但百萬富翁、千萬富翁與商業大亨都明白當中的逆向關係。你被教導要努力工作才能賺錢，但真相是你需要讓金錢替你工作。你學會了長久耕耘與超時工作可以賺到更多錢，但實際上，善用槓桿效益、領導與團隊工作才能得到最大獲利。

為了證明時間與金錢之間並沒有正相關，我在此引用了英國國家統計局的資料，列出收入最高與最低的工作：

英國平均收入最高的職業是股票經紀人，平均收入為十三萬三千六百七十七英磅。股票經紀人甚至不需要創造產品，他們販賣別人的產品，從中賺取利潤，所以經常支出與風險更低，還可以隨時更換販賣的產品。他們可以在家工作，專注在販售佣金利潤最高的產品，付出的勞力最低。假如環境發展不佳，會蒙受傷害的可能是發行股票的公司，而不是股票經紀人。

比起平均收入第二名的職業，股票經紀人的平均收入高出24%。第二名的職業是執行長與資深主管。他們的角色非常具戰略性，通常涉及領導、建立團隊、安排會議、出差旅行、規畫願景，工作性質更像心智勞力而不是身體與手工勞力。

在平均收入表的另外一端，收入最低的分別是第三百四十九名的醫療護送人員、第三百五十名的兒童伴遊人員以及第三百五十一名的學校交通導護。這些工作的責任非常重大，必須謹慎照護兒童或者生病脆弱的人。他們平均的年收入是五千八百五十三英磅，其中最低的是學校交通導護的三千三百九十四英磅。他們的工作要求親力親為，用時間換取金錢，沒有槓桿效益可言，甚至必須在冬天時站在戶外工作，聖誕節時也要工作，還要替別人的健康與安危負責。排行最高的收入報酬是這些人的二十二・八四倍。

不只是實際的收入分配非常兩極，就連工作的時數以及委外進行的能力也相當不均。

根據《華爾街週刊》的資料指出：

- 比起窮人，44％有錢人的每週工作時數少了十一個小時。
- 86％擁有公司的有錢人一週只工作二十個小時，57％的窮人一週工作五十個小時。
- 65％的有錢人將工作委外進行，同時擁有三到五個收入來源。

我不是說當別人的員工是錯誤的選擇。就算受雇於人，你仍然可以得到很好的收入，而且不用付出那麼多工作時間，例如股票經紀人就是很好的例子。

我們都互相需要、相互依賴。銀行需要借款人，借款人也需要銀行。房東與房客需要彼此，也相互服務。清潔工與雇主的關係更是如此。如果你喜歡待在槓桿的最底端，過著勉強餬口的日子，而且非常快樂，我也不會批評你。你可能只是抱著好玩的心情讀這本書，闔上書本以後就會過著快樂的工作人生。

但也許你不是這種人，你可能想要更多，但又不想把自己逼瘋，或是犧牲你所愛的人事物。也許你的願景更偉大。也許你想在離開人世之後，留下自己的足跡以及偉大的傳承，用精神與財務來遺惠後人。

英國的前二十五位富豪都不是受雇於人的員工，他們都創造自己的事業版圖，或是併購了別人的公司。他們全是老闆、商業鉅子與投資人。每個都不例外。

倘若你能精通並且隨心所欲地使用槓桿，你所能企及的財富將遠遠超過你的想像、計畫與目標（也非常有可能實現一切的夢想）。善用別人的時間、資源、知識與人脈，你可以賺到更多錢，並且省下更多時間。

這就是百萬富翁與千萬富翁的訣竅與方法。全世界最大的迷思就是「你必須努力工作才能賺錢」，然而真相是，你必須善用手上的金錢資源，讓它替你賺錢。看看那些千萬富翁，請你告訴我們，他們真的有比奴隸、清潔工還有佣人更努力工作嗎？讓我告訴你一個好消息：你可以學會他們熟悉的槓桿原理。你可以學會千萬富翁用來賺錢、省時間以及創造非凡成就的策略與系統。

槓桿在人類社會的重要性與日俱增。一開始，人類只有輪子、驢子、駱駝、馬還有大象。史前人類如果想從自己的冰屋裡前往當地的小酒館，是不是應該善用長毛象呢？你應該明白我的意思：人類利用動物，讓旅行變得更快速、更容易。

西元前三千年，人類發明輪子，接著是腳踏車、火車、汽車、飛機與太空梭。光纖網路以光速傳遞資訊與金錢，我們終於能夠讓網路與全球資訊發揮槓桿效益，Google早就替我們組織好了一切！

沒人知道接下來會有什麼新的科技發明，無論是什麼，肯定只會讓一切變得更快、更容易。

你可以在外包網用便宜的薪水把工作外包出去。你也可以聘請虛擬助理，按小時與分鐘計費，讓他替你做事，所以你會有更多自由的時間，可以更專注在創造收入工作。

如果你一個星期花費四十英磅，用來處理五個小時的非創造收入工作，而這五個小時可以用在建立你的事業或者購買一間房地產，創造三萬英磅的收入，甚至在你的餘生裡，每年帶來一千英磅的非勞動收入。

房地產是我的專業與熱情之一，讓我們繼續用這個當例子吧。在房地產的領域裡，可以分為「企業家／投資型」以及「房東型」。投資型同樣要處理房東的工作

（例如制訂規範、管理、維護房地產），但「房東型」卻是事必躬親，沒有任何槓桿效益可言的勞工。「房東型」只是自己當老闆，自己處理購買、管理與維護房地產的工作，跟其他薪水優渥的工作相比，「房東型」其實沒有什麼本質上的不同。他們通常也得處理粉刷、油漆、裝潢、收房租還有其他瑣碎的行政工作。

這些工作當然非常必要，如果沒有做好，房地產就無法順利創造現金流。相反的，「企業家／投資型」則會在一開始的時候，關注更高層次的策略與願景規畫，善用一切資源與方法，發揮槓桿效益，聘請各種專業人員，把所有管理與維護工作外包出去，讓自己擁有更多自由時間，可以從事更高層次、更有價值的工作，專注實現願景，並且按照內心價值過生活。

同樣的例子也適用在大多數的熱門產業裡。你可以使用「生活槓桿」哲學來達成時間與槓桿的最大效果，或者待在食物鏈的最底端，辛苦工作並且燃燒生命，把自己弄得像個奴隸。

跟從前相比，現在每個人都能更輕易理解並使用槓桿效應，這都多虧了網路。阻礙進步的主因大多是缺乏知識、根深蒂固的舊有信念、資訊爆炸無法負荷，或是對未知充滿恐懼。

很多人的父母親來自於舊時代，當時相信「要找到一份工作，低頭苦幹，奉獻犧牲，不要做無謂的冒險」，而這樣的價值觀也深植在他們心中，所以想要轉變觀念很困難。

許多當老闆的人，以為自己擁有一份事業，但其實只是自己、客戶與員工的奴隸而已。他們掌握權力並且擁有公司，也同時對自己建立的企業做出過多控制。身為老闆，讓他們擁有了身分與重要地位，但也因此自我限制。

他們過於小心，不敢把工作交給其他人，因為他們認為沒有人可以做得跟自己一樣好，他們覺得自己不可以付錢請別人做事，甚至以為親力親為可以省錢。

當然，我不是在說你，但也許你覺得自己跟上面這些例子有些關聯？

當我們剛開始接觸到熱門商機、產業或職業時，總會以為苦幹實幹、事必躬親可以降低成本，也是最好的拓展方式。雖然這種想法確實減少了成本支出，但卻浪費了時間並且造成逆向的槓桿效應。除此之外，實際運作的時候，還會讓你必須做很多不喜歡的事情。但你毫無頭緒，只好相信社會反覆向你灌輸的「努力、努力、再努力」。

我剛開始從事房地產事業的時候，也以為每天花時間瀏覽物件、完成購屋流程、與房地產經紀人打交道、重新裝修、出租與管理房客會變成日復一日的工作。第一年，我完成了十幾筆交易，發展得不錯，就快要在財務上相當安逸了，但某天早上起床，我突然想問自己：「這真的是我想要的嗎？」我想要美好的果實，而不是這些痛苦的勞動。我個人非常不喜歡房地產交易世界裡的瑣碎小事，但早就走到這一步了，況且我也開始賺錢了。

沒有遠見、不懂得運用槓桿原理，那麼房地產跟其他工作也沒什麼不同，都需要處理很多狗屁倒灶的事務，也要面對許多不把你當回事的人。

但是，只要你能夠明白如何精通時間、金錢、資源、概念與人力所構成的槓桿效應，房地產事業通常可以讓人躋身富豪排行榜。

於是我下定決心了。我不要讓我的房地產事業變成超時工作的兼職包租公。我開始尋找各種方法，讓別人替我瀏覽物件、出價、購買、出租、裝修、管理與維護，同時讓自己獲得合理的利潤。

這絕對不是因為我不想承擔責任，而是當我遇到馬克・荷馬，並且建立長達十年的商業合作友誼時，我終於知道有其他人喜歡做這些事情，甚至熱愛做這些事情，而且還靠做這些事情來賺錢。這根本就是天上掉下來的禮物！

如果我可以藉此發揮槓桿效應，代表我可以獲得成長並且提升收益，做更多自己喜歡的事情，創造更有規模的商業經營，帶來更多就業機會還有促進經濟發展。有人喜歡做我非常討厭的事情。這是真正的雙贏局面。我會在後面的章節告訴你如何追求這個境界。

生活槓桿是商業與生活裡「不只要快，還要更快」的致富策略。生活槓桿也是通往成功、自由與節省時間的捷徑。你的成功與生意規模取決於你能夠讓生活槓桿發揮多少效益，這個章節也會幫助你在心裡設立明確的產出與願景，讓你用最短的距離通往生活槓桿，達到事半功倍，外包大小事，創造專屬於你的理想行動生活。

其實，在我剛開始經營房地產事業時，我跟合夥人都還是事必躬親（當藝術家的那段日子不算，因為當時我還不懂商業經營）。我們把成本壓得夠低，小心翼翼地保護弱點，並且盡可能減少風險，再加上我們設立公司時，爆發了史上最大的房地產泡沫危機與經濟衰退，從這些角度來看，當時我們的成績真的不算太差。但是，仔細回想，其實我們可以做得更多、更快、更聰明，也無須承擔過多風險，假如當時能夠捨棄原有的方法，把大多數無聊而且艱難的工作外包給別人（他們比我們更擅長做這些事情），付出的成本其實低過於我們親自動手做。如此一來，我們有更多自由時間可以做更多創造收入工作，進一步提升收入、成果與經驗傳承。

同樣的結果，也展現在我開創的「發展房地產」訓練公司裡。許多主動積極的學生與公司成員，一旦搶得先機，迅速建立槓桿，就能創造相當良好的成績。他們很多人現在都已經是全職的房地產投資人。在六個月、十二個月或十八月之內，許多人甚至已經坐擁價值數百萬英磅的房地產組合。在一到三年內，許多人得到了三千、五千、一萬或兩萬英磅的非勞動收入。他們已經離開了原本的工作，甚至開始訓練自己的學生，在房地產商業領域中備受尊敬，回饋自己的經驗，創造額外的收入來源。許多人比我們剛開始時做得更快且更好，犯的錯誤也更少，因為他們把我們的經驗當成資產，發揮了良好的槓桿效應。

如果二〇〇六年十二月時，你在我們身邊，就會看到我們時時瀏覽物件，自己安排看屋，尋找房客（為了節省仲介費用，但這個決定完全沒有槓桿效果），到處察看房子的情況，還要做維護、粉刷、裝潢以及後續的種種管理。我們甚至自己動手做網站、後臺維護、客戶帳號管理、發文章還有相關的網路事宜。只要你說得出來的事情，我們幾乎一手包辦，而且非常努力。我跟合夥人做一樣的事情，所以是百分之百的效能浪費。但我們老是說：「流汗總比後悔好！」

大約一年之後，我們用來做所有事情的時間，實際上也開始阻礙我們的事業發展，拉高成本支出，甚至讓我們損失了大筆金錢，但我們當時卻看不清。我們不明白損失了多少機會成本，因為我們不知道自己的盲點在哪裡。

你的成果與利潤，其實與你「做」的事情沒有太大關聯，重點是你「不做」什麼。如果你做事情的方法跟有錢人不一樣，你當然不會得到有錢人擁有的一切。但我們一直以為自己很懂。我們接受傳統智慧的養育，認為自己一定要做得比別人更久、更辛苦，還要適度犧牲。我們陷得太深，看不清楚外面的光景，而這艘船沒有任何人掌舵，全速前進，卻漫無目的。

我們的事業無法成長，是因為白天只有這麼多時間。無論我們做得多久、多努力，甚至多有效率，還是會碰到瓶頸。一旦忙起來，我們就沒有時間從事創造收入工作，更因為疲倦與無法專注，開始犯下錯誤。我們常常做出錯誤的決定，幾乎沒有做對任何事，因為我們太忙了。於是我們作繭自縛，阻礙自己的事業發展。

除此之外，創業的重點應該是讓自己擁有空閒的時間，能夠做自己喜歡的事情，不是嗎？儘管我跟合夥人在第一年買下了二十間房地產，但我們太忙了，根本沒辦法做自己喜歡的事情，財務獨立與時間自由的理想也逐漸失敗。我們都很忙，變成全職投入，而且沒有任何附加價值，只是這個小小事業的奴隸。

我們以為每一種事業都是這樣，不努力工作，就回家吃自己。我們根本不曉得這是咎由自取。我們不了解生活槓桿，因為我們總是孤軍奮戰。我們沒有企業教練、導師或者經驗老道的商業社群網絡。我們只會埋頭苦幹。

從事後諸葛的角度來看，當時應該讓房地產事業獨立運作，不需要過多干預，不僅可以成長，也能夠符合我們的生活方式與理想願景。

我們想要賺取非勞動收入，取得有發展潛力的房地產組合，並且幫助其他人也能追求這種理想。但是過度辛苦的付出無法完成目標。我們必須時時刻刻增加「創造收入價值」，方法就是確保我們一直堅持目標，外包所有低收入價值的事情，只親自處理最重要的創造收入工作。如果不是創造收入工作，通通必須委外辦理，否則你的事業就會不進反退，變得更窮、工作得更辛苦。

讓我們把時間快轉到現在，對於我跟我的公司來說，房地產是一種具有槓桿效益的事業。事實上，我目前的產房地產已經變成八個獨立的事業體，其中包括處理租金、個人發展、演說與電子商務訓練、融資、商業購買等等。

我們每年購買的房地產組合從二十件變成六百件。每一年都在持續增加。交易額也成長為每年一千萬英磅。公司裡專門管理資金的同仁也已經多達五十至一百人。

我們每年在好幾個國家舉辦將近六百場訓練活動。舉辦訓練活動的大樓是我與合夥人的私人財產，租賃給自己的公司。我說這些不是為了讓你印象深刻。許多良師益友的事業規模都非常大，他們給了我很多靈感。如果我只是單打獨鬥或者埋頭苦幹，絕對不可能有這番成就。

凡事都親力親為，其實會造成許多金錢損失。如果我們當初讀過這本書的，再給我們一次機會的話，肯定能夠擴展到兩倍規模。

槓桿原則，在私生活領域也一樣重要。如果你自己燙衣服，流失的時間即等同於金錢損失。如果你自己除草或者清理房間，就沒有時間做創造收入的工作。如果你自己開車赴約，而不是選擇聘車或搭火車，失去的時間無法發揮槓桿效益，也不能從中得到任何好處。

我曾經讀過一本書，裡面說百萬富翁都是自己整理草坪。那本書很舊了，我認為裡面的資訊已經過時。如果一位百萬富翁能夠在幾個小時之內敲定一筆房地產交易，卻把時間用來整理草坪，那麼他會錯過創造收入的機會。

自己整理草坪，省下三十英磅，卻放棄了擺在桌上的三萬英磅，因為你沒有時間完成這筆交易。這是大多數人的做法，因為他們忽視了機會成本，以至於根本不知道自己放棄了什麼，也沒想到，自己從來沒把時間用在對的事情上面。

也許百萬富翁整理草坪的用意，是為了遠離喧囂的世界，在寧靜的環境中構思願景。如果是這個情況，那就是一種很好的槓桿哲學，我稱之為「非多餘時間」，我將在本書的第十八章中詳盡解釋。他們可能在整理草坪的同時，一邊聆聽像是本書的商業管理策略建議，達到一石二鳥的功效。

我現在還有一名全職的廚師（我的母親）——她負責煮飯，我替她支付每個月的信用卡費用，我們還因為這樣而能夠每天見面。如果我決定自己燙襯衫，你會發現我浪費人生裡的整整七個月，因為我必須一天花十七分鐘燙襯衫，還會在一件完美的杜尚條紋襯衫上面，留下燙壞的痕跡。

其實我大可以找專業店家，替我把三件襯衫整理得很好，只需支付五塊英磅，乾乾淨淨而且燙得整整齊齊！三件襯衫省下一天中的五十一分鐘，我還可以拿回人生的七個月！在這五十一分鐘之內，只要睿智地重新利用時間，我們也許可以讓五到六個員工開始處理房地產或者其他商業投資，而這一切只需要投資五英磅。

除此之外，聘請專業店家也是實際支持經濟發展與當地店家。我們相信，數百人的工作、房屋與工作，都會依循經濟發展的法則，讓每個人都受惠。這就是所謂的「公平交易」，更重要的是，這還能夠讓我們專注在高等級的創造收入工作，而不需要處理無關緊要的事情。

也許你會認為，我跟其他富有的商業主擁有資源與地位，當然有條件這樣做。而你則要面對日常生活的支出、小孩的教育費用、房屋貸款以及各式各樣的責任，根本沒有足夠的時間。

你的想法沒錯。你多久沒有主動利用槓桿效應，就代表別人把你用來當成槓桿多久，所以你會過得更辛苦。現在就開始實踐「生活槓桿」哲學吧，否則會被別人當成槓桿。在本書後面的章節，你會讀到具體的實踐方法。請你一定要堅持讀到最後，因為有些特殊的技巧，就藏在本書的最後面。

摘要

生活槓桿的原理是善用別人的時間、金錢與經驗，讓你事半功倍。現在就開始建立你的槓桿，並且把不重要的事情委外，不要等到「準備好了」才開始。投資時間，而不是浪費時間。善用「非多餘時間」策略，讓浪費的時間也能發揮槓桿效應。

請你務必習慣讓其他人替你做事，不要有罪惡感，也無須擔心成本。專心思考「我可以找誰來做這件事情？」打造一個團隊，善加經營，用心領導。不要分心在低價值的工作，因為整體的機會成本損失太高了。

擁抱槓桿效應，你可以買回許多時間，再善用這些時間，創造更多利潤並且做你想做的事情，就從現在開始吧！

7 別小看80／20法則

一九〇六年，義大利經濟學家帕瑞圖（Vilfredo Pareto）創造了一個數學方程式，用來描述義大利國內的財富分配不均情況：80％的的財富分配在20％的人手上。一九四〇年代晚期，約瑟夫・朱蘭（Joseph M. Juran）博士把80／20法則歸功給帕瑞圖，認為這就是「帕瑞圖法則」。

帕瑞圖法則認為，義大利80％的財富分配在20％的人口裡。以更普遍的角度來說，帕瑞圖法則也觀察到生活裡大多數的事情都呈現不平均分配。80／20法則也因此成為相對分配論的核心綱要。有些例子很極端，例如90／10分配，在財富分配與成功程度的分析上，也有95／5分配以及99／1分配。

80／20法則是指優勢劣勢、成功失敗等等不平均分配，也是「生活槓桿」哲學裡的重要元素。

以下是80／20法則常見的例子：

- 20％的付出，帶來80％的成果。
- 20％的人力，生產80％的產品。
- 20％的消費者，創造80％的利潤。
- 20％的程式錯誤，造成80％的當機。
- 20％的個人特色，決定80％的際遇。
- 80％的價值，來自於20％的努力。
- 80％的財富，分配在20％的人身上。
- 80％的不滿，是因為20％的客戶所引起。
- 80％的銷售，取決於20％的產品或客戶。

理察・科赫（Richard Koch）寫了一本書，提出「80／20法則是達成事半功倍的祕訣。」他主張：「80／20法則是高效率人士與企業最偉大的祕密之一。」科赫將帕瑞圖法則帶入現代世界，鑽研如何在這個超時工作且沒有生產力的年代做到事半功倍之後，提出了如下想法：

- 少數的投入會決定大多數的成果。
- 專注在能夠大幅提高生活滿意度的事情。
- 我們做的事情大多沒什麼價值，必須消除或減少80％只會帶來不良結果的付出。
- 少數因素創造多數效果。
- 找出關鍵的少數並且以其為主，20％的付出創造80％的成果。
- 在商業的領域中，專注在能夠創造最多利潤的產品與客戶，其他的部分可以縮減或者捨棄。
- 少數決定會決定大多數的後果，其中包括你的職場選擇、債務處理、投資與人際關係。
- 一分耕耘不代表一分收穫——必須重視關鍵，忽略不重要的東西。

我發現科赫提出的法則極為精確，簡直犀利驚人。我也相信帕瑞圖在探討財富分配時，揭露了一項萬事萬物的通用法則。我們可能在正確的槓桿方向，也可能在錯誤的方向，只剩下不堪重負、困惑、沮喪還有緩慢到令人痛苦的進展。這就像錢幣的兩面，事物的兩極，既可能是80／20，也可能是20／80。這種法則似乎可以應

用到所有的生活範疇，例如

- 在80％的時間裡，你只有使用20％的手機應用程式。
- 衣櫃裡面有80％的衣服，只出現在你20％的生活裡，許多衣服可能連標籤都還沒剪下來，對吧！
- 80％的頭髮聚集在20％的頭頂面積；對於男性來說，80％的禿頂部位，聚集在20％的頭頂面積。
- 80％的快樂，來自於20％的作為（對地球上大多數人來說，這句話也可以倒過來）。
- 地毯80％的磨損，佔據了20％的房間家具折舊。
- 引擎80％的折舊，決定了汽車20％的折舊。
- 鍵盤80％的折舊，分配在20％的按鍵。
- 80％的股票利潤，來自於20％的投資。

如果你也同意80／20法則非常了不起，而且生活所有領域都適用，那麼就必須從現在開始運用80／20法則進行思考、決策與行動。

80／20法則不會要我們使勁工作，相反的，我們必須更聰明且有效率地做選擇，才能節省時間。「生活槓桿」受到80／20法則的啟發，總結來說：

- 不要把80％的金錢，浪費在賺取20％的利潤。
- 不要用80％的時間，享受20％的樂趣。
- 不要做80％的沒效率工作，只為了完成20％的成就。
- 不要花時間與80％的點頭之交建立人際關係網絡。
- 放棄待辦清單上80％的事情。
- 用80％的時間，進行對你來說真正重要的20％工作。
- 面對80％的公務電子郵件與其他人的要求，最好的方法是刪除、委外處理或者徹底無視。

稍後，你會讀到各種模典範與系統，用來學習如何以自己的最高願景、價值與傳承目標，做到堅決而有效率地組織時間，分辨事情的優先輕重，達到最大的槓桿效果與節省時間，你也會明白如何做到斷捨離。

摘要

帕瑞圖法則認為，80%的結果來自於20%的時間投資，這樣的法則也能適用在任何事情。

既然80%的財富分配在20%的人身上，你應該如何睿智地把時間投資在最重要的關鍵結果領域與創造收入工作，才能用20%的時間，追求百分之五百（五倍）的成果呢？答案是堅定心志，拒絕所有消磨時間且沒有價值的工作，專注達成最大的槓桿效果。

8 生活槓桿哲學

生活槓桿哲學是一種生活方式，讓你做到事半功倍，外包大小事，創造理想的彈性生活風格。生活槓桿哲學也是思考、感受、決策、行動的方法，讓你得到相對應的結果，做出相對應的回應，並且讓你創造動能，追求心中的願景與傳承目標。

無論退休之後享受自由而均衡的人生，或是坐在沙灘上暢飲鳳梨可那達雞尾酒，槓桿原理都持續存在。它讓你時時刻刻保持這種生活方式——不管你的「終極目標」為何——並且能夠即刻實現，不會延後實現，還能結合你的專業與熱情、平衡你的工作與假期。

同時，生活槓桿也代表「抵達終點」之後，你不會染上心碎症候群或者缺乏自我實現的目標，因為沒有必須延後實現的目標。等到你完成所有目標，也不會想要逃避職業生涯的發展，只需要繼續實行「生活槓桿」哲學。

「生活槓桿」哲學的主題是打造能夠心想事成並且備受鼓舞的人生，完美平衡的專業與熱情，無須做出過度的犧牲。**「生活槓桿」不會追求「工作與生活」的平衡或分離，它把所有事情都融入在人生裡。**

「生活槓桿」哲學不但非常清楚，也完全接受生命裡的高低起伏、快樂與悲傷，並且持續邁向理想的願景與傳承，時時刻刻保持活力，接受一切的回饋。《生活槓桿》哲學厭惡繁瑣的例行工作與浪費時間，必須追求最大的槓桿效果與時間節省，做到最少的時間浪費。「生活槓桿」哲學不會延後退休，相反的，我們隨時都可以「小退休」。

「生活槓桿」哲學契合你的願景（V）、價值（V）、關鍵結果領域（KRA）、創造收入工作（IGT）與關鍵績效指標（KPI）。這五項合稱為**VVKIK**，我們應該時時刻刻從願景檢驗到關鍵績效指標，發自內心知道什麼才是應該做的事情。

「生活槓桿」哲學質疑傳統的工作方式以及所謂的「正常風格」，隨時以獨特的角度，尋找最簡單而且能夠永續經營的方法，用來實現心中的願景。

「生活槓桿」哲學不允許他人的燃眉之急成為你的負擔。與其思考「我應該怎麼做」或「我做不到」，不如想想「我應該找誰來做這件事情？」要在遇到問題之前就已經準備就緒，事先詢問建議，才能做到遊刃有餘，無須仰賴他人，把讓我們失去活力的事情委外辦理。

生活槓桿的主題是在生活裡實現你的最高目標與願景。完成你的價值以及最重要的優先目標，才能夠順利賺錢，創造真正不同的人生，並且減少或徹底剷除阻礙以及不重要的事情。

生活槓桿讓你的時間發揮最大效益，創造最重要的傳承，並且消除為了完成目標而不得不做，但又讓你非常厭惡也不擅長的工作。

生活槓桿讓你專注發揮所長、外包所短，在最重要的價值領域中成長，捨棄其他無關緊要的事情。

生活槓桿是在當下完成自我實現與幸福，無須延到養老、退休或陷入「只要事情做完，我就能好好休息，但根本不會實現」的錯覺。生活槓桿的目標是在當下實現願景、目標與傳承，並且孜孜不倦地往上提升。生活槓桿幫助你做到事半功倍，外包大小事，創造專屬於你的理想彈性生活。

摘要

用「生活槓桿」哲學經營生活，代表你可以得到備受鼓舞的完整人生，享受每一天，做自己想要的事情，還能夠創造不同的生活與服務他人，而且是在當下實現，不用等到六十歲或五十歲，就是現在。

你可以結合熱情與事業，假日與工作。只要心中有願景，就能夠得到一切，實現自己的價值，服務其他人，並且實現「生活槓桿」哲學。

9 用複利法則創造最大效益

錢會滾錢。

俗話說同類相吸，金錢也不例外。愛因斯坦曾說複利法則是世界第八奇蹟，更相信複利法則絕對是真正的通用法則——適用在萬事萬物身上。

想像一下在高爾夫比賽中小賭怡情一番，每洞下注一英磅，隨洞加倍賭注。聽起來像是無傷大雅的做法，但到了第九洞，你的賭注就會因為複利法則變成兩百五十六英磅了。

這是相當可觀的複利效果吧？老實說，這還不算什麼。到了第十五洞，賭注會變成一萬六千多英磅。請您仔細看看，從第九洞到第十五洞，在更短的時間之內，賭注的金額變得如此龐大，一切都是因為複利法則。等到第十八洞，賭注已經變成十三萬一千多英磅了。

資產累積的道理如此、現金流的運作方式如此、經商與企業管理的原則如此、建立品牌與聲譽的方法如此，就連知識與教育工作也不例外。最重要的是，躲在背後操控一切的主角：時間，也適用同樣的道理。

特定品種的荷花也遵守複利法則。每一天，這種荷花覆蓋水面的面積會比前一天多出一倍。剛開始的幾天，從視覺上來看，荷花覆蓋水面的面積相當小。但三十天後，無論荷花長在池塘或湖泊，都會完全覆蓋水面。這代表在第二十九天時，荷花覆蓋的面積只有池塘或湖泊的一半。荷花用了三十分之二九的時間覆蓋一半的面積，再用三十分之一的時間做到完全覆蓋，而覆蓋四分之一面積的時間占了三十分之二十八，八分之一的覆蓋面積則需要三十之二十七的時間，以此類推。荷花故事背後的意涵相當清晰，能夠用來發揮槓桿效應，創造可觀的動力，前提是我們必須了解、實踐並且完成。

複利法則主張，從事某件事情或者耕耘某個領域越久，越是可以創造最大的收穫與動力。

為了讓帶有複利法則的生活槓桿可以發揮最大效益，我們需要把自己的時間觀念看得越遠越好。只思考眼前這個小時的人，只能支領時薪，而且立刻就花掉了。思考每日計畫的人，會成為別人的員工，接受管理人的指令，實現自己的職場功能。管理人思考每星期的計畫。更高層級的管理者思考每月的計畫，但他們也是在實現最高層級管理者的年度計畫。至於最高層級的管理者，他們則是在執行企業主所發想的三到五年未來願景。企業主往往受到前瞻人士的啟發，後者能夠思考並看見數十年的時間趨勢，而前瞻人士也同樣是在學習看見未來世代與生命的聖人。

一九六一年五月二十五日，美國總統甘迺迪在國會特殊會議前宣布了一則充滿戲劇張力與雄心壯志的目標。他想在一九六〇年代結束前，將美國人安全地送到月球表面。一九六九年七月二十日晚上八點十八分，尼爾・阿姆斯壯與布茲・阿德林完成了這個十年計畫。太空人登陸月球是眾人創造的成果，但甘迺迪的願景、耐心與長遠的視野，才是推動巨輪的動力。

米開朗基羅花了四年才完成西斯汀教堂的畫作。彼得・理查斯用十五年完成一座娃娃屋，裡面可以住十個人，還有僕人宿舍、擺放巨大鋼琴的音樂室、手工打造的娛樂室也有司諾克撞球桌，圖書室裡藏書超過一千本。這個手工藝術作品最後以五萬英磅售出。吉薩金字塔的建設時間估計超過二十年。凡爾賽宮也耗費了五十年才竣工。

俗話說，建立名聲需要二十年，毀掉名聲卻只要五分鐘。長遠的視野，也就是看得更遠、更久，確實是實現「生活槓桿」並且做到事半功倍的必要條件。

如果你必須努力工作，才能讓自己以後不必這麼辛苦，那麼你在某個熱門產業、職場與企業所投入的時間，都會改變時間與金錢成果的反向關係。一開始，你付出最大的努力，只會得到最低層次的結果。這看起來似乎不太公平，但時間本來就不公平，也不是「投入越多，得到越多」的線性發展。到最後，你付出的努力最少，卻能輕而易舉得到帶有複利效果的最高層次結果。這種結果，看起來也不太公平。

有些想法充滿幻覺與盲目崇拜，甚至奢望用不切實際的時間做到快速致富，完全不相信複利法則。他們幼稚地認為，在某個地方，有某種方法可以讓你省略「付出最多，但只能得到最低層次結果」的初期階段，直接跳到「用最少工作，取得最多成果」的境界。他們以為找到了捷徑，可以忽略複利法則，並且深深受到吸引，尚未把握穩紮穩打的機會，就立刻放棄。他們不停放棄，再重新開始，唯一產生複利效果的只有痛苦、悲慘與低落的自尊。於是他們覺得沮喪，事情出錯時開始抱怨怪罪。這完全不符合「生活槓桿」哲學。諷刺的是，他們一開始做的事情，雖然不見得是最好的選擇，但如果不要放棄，堅持夠久，也許就會成功。堅持做完一件事情，縱然只有一般水準，也勝過於曇花一現的好表現。

以下是關於太空梭的幾則有趣評論，每則的資料來源不同：

- 太空梭起飛離地時，使用了一半的燃料。
- 太空梭起飛時，使用了92％的燃料。
- 在太空梭起飛的幾秒鐘內，就會用掉將近全部的燃料。

無論哪則評論在數據上更為正確，你都可以看出80／20法則與複利法則。為了起飛離地，太空梭需要使用近80％的燃料，剩下的20％燃料用來突破大氣層，航向太空以及回到地球。

改變的代價

倘若更多人了解80／20法則以及複利法則，他們肯定會無時無刻更謹慎地抉擇放棄或改變，用緩慢穩定的腳步，認真完成手上的工作，不會心猿意馬地觀望外面的青青草地，以為還有其他更快、更容易與更好的方法。

大多數尚未成功的人，從來沒有體驗過複利法則。很多人在複利法則正要發揮效應、帶來回報之前選擇放棄，並且改變了自己的方向。你不會在今天種下樹苗，明天就跑回來，大吼「我的樹在哪裡？」你當然知道「想要怎麼收穫，就要怎麼栽」的道理。想要得到有形的成果，你必須先精通無形的知識。

想像一下眼前有一個抬頭顯示器，就像汽車的選購配件或者電玩遊戲的選單。你可以看到「剩餘生命」、「生命力」、「力量」、「武器選單」、「人物強弱」、「剩餘彈藥」與其他指數。做出決策與行動之後，你可以立刻察看後果。換句話說，你會知道自己是不是浪費了彈藥與能量。

現實生活裡當然沒有這種顯示器，但想像一下，自己擁有這種視覺反應機制，可以用能量條或電池條的形式，具體呈現你的工作進度。能量條也會因為複利法則與行動結果或增或減。再想像一下能量條累積到五分之四（也就是滿足80／20法則）的時候，雖然還沒有具體成果，但你不會放棄，因為你已經看見了半途而廢的代價。

放棄的代價就是讓複利效果歸零。你可以想像老虎伍茲在十八歲時放棄高爾夫，只因為他還沒拿到任何一座四大賽冠軍嗎？他如果放棄，就是讓十六年來的努力歸零，也浪費了已經完成的80%進度，不會在日後奪下多座四大賽冠軍，甚至進入高球名人堂了。

最好的高球教練都明白，就算只是改變揮桿的小動作，都會產生長久的影響，因此必須慎重考慮。你能想像愛迪生在第九千個或第九千九百九十八個燈泡時放棄整個實驗嗎？在邁向偉大的過程中，許多人在複利法則正要發揮效果，從「付出最多努力，只能得到最少結果」的階段轉變為「用最少的付出，得到最多的成就」之前，就戛然而止。

同樣的道理適用在金錢、時間、能量、努力、種樹、管理工作流程、健身、處理債務以及經營個人名聲。事實上，複利法則幾乎通用在所有領域，就算汽車加速與倒車也不例外。

但這不代表你一定要「很努力」工作。這不是「生活槓桿」追求的目標。重點在於，**由於複利法則產生的效應，只要你堅持越久，就越輕鬆。**我花了大約四年的時間，才完成創業，償還所有債務，擁有百萬資產。一年之後，我的年收入已經超過了一百萬——我花了前面四年才賺到人生第一個一百萬，第二個一百萬需要的時間，卻不到四分之一。第五年是我最閒暇的日子，工作量最少，財務成果卻最好。複利法則會持續發揮效果。許多已經賺得數百萬甚至數億元的朋友曾說，這只是複利法則的常見成果與基礎運作道理。

經營品牌、個人名聲與知名度時也是一樣的道理。你剛創立一間公司或企業，肯定乏人問津、門可羅雀，一次只能接待一位客戶，沒有任何的銷售系統、員工或者商業規模可言，當然無法迅速拓展。你還在測試階段，拿不出最佳表現，所以會覺得自己身陷黑暗。你不知道怎麼面對眼前種種問題，因為你沒有任何經驗，只會犯錯，用最困難的方式記取教訓。你必須戰勝一切，才會讓第一位客人願意向其他客戶推薦你。這是第一個推薦。隨後，你要花更多時間，建立人際網絡，流傳關於你的種種讚許。但是，你也很有可能在幾乎抵達五分之四的關鍵階段時，選擇放棄，讓一切歸零，重新開始。

我們身在一個追求速成的世界。我們收看千萬點閱率的網路影片，崇拜一夜成名的人物，觀賞健身前後的腹肌照片以及宛如奇蹟的康復故事。不切實際的幻想誘使我們追求捷徑，因為我們心中沒有明確的方向，以為這些事情看起來非常容易。

長期來說，真正的現實卻是貧困、缺乏自尊與無法自我實現。因為，每次重新開始，意味著你必須從頭做起，卻看不見成功的機會。你需要再度播種、栽種與施肥。重新開始越多次，越是容易失去自信，不再相信自己可以創造複利效應，只好找更多捷徑來拯救自己，因為你開始自我質疑，陷入了惡性循環。

樹根扎得越深，就長得越高，樹蔭越是遼闊寬大，才會孕育越多種子，養出一座森林，造福未來的世世代代。

「一夜成名」的背後，其實投資了許多時間在扎根，才能擁有完美的戰略位置，得到最大的複利效應與觸及範圍。完美的腹肌照片來自於聰明的飲食、極佳的運動習慣以及最好的個人健身教練。教練鼓勵他們、督促他們，為他們的成敗負起責任。

俗話常說，富者恆富，貧者恆貧。一般來說，這句話確實是真的，因為有錢人會吸引財富。你想要成為有錢人，還是成天擔心帳單以及入不敷出呢？然而，除非你學會如何管理自己擁有的東西，否則無法吸引更多的財富上門。

複利法則會帶來動力，但你的作為會改變結果。持續成長的財富會帶來更多的財富，而持續累積的負債同樣拖累更多的負債。

事實上，有錢人也有困擾，那就是投資的速度不夠快。他們必須在原有的複利效果上繼續追求更高層次的複利。他們把原有複利效果所賺的財富，轉投資在更高層次的複利效果，於是賺得更多的財富。沒錯，富者恆富。

你也應該運用複利法則。不要一直改變跑道，而是用最快的速度，從「付出最多努力，只能得到最少結果」的階段，提升到「用最少的付出，得到最多的成就」的境界。

摘要

巴菲特曾經替複利法則下了一個完美的結論。被問及為什麼能夠如此富有，巴菲特說：「原因有好幾個。第一，我住在美國，這裡的機會最好。第二，我的基因良好，所以活得夠久。第三，複利法則。」改變的成本相當龐大。所以你應該持之以恆，保持耐心，每天學習成長，專注在重要的事情。

10 擺脫不堪重負、困惑與沮喪

不堪重負、困擾與沮喪，這些情緒會讓人怠惰，而且影響的時間很長，如同「溫水煮青蛙」讓人飽受折磨。有的情緒雖然激烈而痛苦，但來得快、去得快，可以迅速痊癒，但上述這種卻不同。

一旦陷入不堪重負、困擾與沮喪之中，你能做的事情會越來越少，一事無成的時間越來越長。等你終於下定決心採取行動，通常只會犯錯，因為你一心只想擺脫痛苦。

這三種情緒必須分成三個獨立的討論，因為它們是阻礙決策與行動的主因，也是生活槓桿的頭號公敵。這三種情緒經常同時出現，或者產生連帶效應。我們會在以下章節討論它們的本質、起源以及擺脫方法。

不堪重負

不堪重負是一種自我引發的常見情緒，認為自己在心智與情緒上都已經徹底被打敗。諷刺的是，「不堪重負」的英文overwhelm，原意是「用某個東西蓋住另外一個東西」或者「把某個東西壓在另外一個東西底下」，也就是令人透不過氣的感受。

要做的事情太多，時間太少，你會覺得不堪重負；你要替別人做很多，時間很短而限制很多，也會覺得不堪重負；無法趕上工作進度，或者需要學習的東西太多，要學習的速度太快，同樣會覺得不堪重負。當你感受壓力，必須被迫做對自己不重要的事情，或者看不到終點，當然會覺得不堪重負。如果你無法掌握工作、時間與人生，那種感覺就是不堪重負。光是閱讀這段關於不堪重負的描述，你可能都快要承受不了了！

很多人不知道如何擺脫這種感覺。這點毫不意外，因為你看得不夠清楚，你知道得不夠多，倘若你知道如何處理它，你早就解脫了。

許多人嘗試把事情寫下來，但如果你把所有事情寫在待辦事項紙條上，光是看一眼，可能就會承受不了。書寫確實可以把事情從你的腦海中移出來，這是很好的排解過程，但想要確實消彌不堪重負的感受，但我們還有很多功課要做。

想要擺脫不堪重負，以下是五個單純簡單的小步驟：

步驟一：完全承擔個人責任

絕對不可以怪罪、抱怨或者找藉口。凡事要小心，因為你做的每件事情，都是自願的。你手上的事情太多、不想做這件事、陷得太深所以頭腦不清，都不是其他人的錯。一旦你振作起來，不認為不堪重負是其他人的錯，就可以重新掌握一切，做出改變。

步驟二：檢驗願景、價值與關鍵結果領域

想要徹底治療不堪重負、困惑與沮喪的根本方法，就是回過頭，根據你的最高願景與價值，進行最有激勵效果的行動。如果你可以做你所愛，或者持續實現願景並且創造傳承，就不會覺得不堪重負。倘若你覺得快被壓垮，也許是因為你悖離了願景與價值，這個時候應該提醒自己：什麼事情最能鼓勵你，你的自我實現是什麼，你的最高價值與優先事項是什麼？如此一來，你就可以專注在關鍵結果領域與創造收入工作。

步驟三：拒絕任何不屬於關鍵結果領域與創造收入工作的事物，堅決斷捨離

只要是占據你的時間，消磨你的心智，但又對你的終極目標沒幫助，也不是創造收入的工作，那麼你就必須堅決斷捨離。

處理別人的燃眉之急不是你的理想，也不是你的優先工作，然而這些責任強加在你身上，卻會造成你不堪負荷。你感受到的「重量」其實是責任感與罪惡感，因為你不想幫助別人，再加上你內心明白，這些事情對你一點幫助也沒有。

「如果生活不合理，就要做到斷捨離。」——無名箴言

你必須放棄不屬於關鍵結果領域與創造收入工作的事物，或者乾脆委外辦理，絕對不能重蹈覆轍。有些人一直有被壓垮的感覺，認為錯誤是別人造成的，卻疏忽了自己不留心的行徑。

到底是什麼行為與思緒，讓你一直覺得不堪重負呢？請試著思考以下問題：

- 你是不是把他人的責任視為自己的責任？
- 你的願景與價值是否清晰？
- 你是不是很難拒絕別人？
- 你是不是在幫助別人的時候，自己卻陷得更深，因為事情超過你的能力範圍？或者，你做不完自己的事情，所以開始沮喪憤怒？
- 你是不是高估自己的能力？
- 承上，是不是因為你對於工作需要的投入時間，也有不切實際的想法？
- 你的雄心壯志是不是有點過度膨脹？
- 你是不是害怕失去或錯過？
- 你是不是想要成為別人眼中的超人？

這些就是讓你不堪重負的原因，請誠實面對自己，勇敢放手。

步驟四：擬定事物的優先順序

一旦清楚認知價值與願景，把不符標準的工作都委外辦理或者徹底放棄之後，必須嚴格對手上的事情進行優先排序，才能實現願景與價值。

依照事情的重要優先程度，以及創造的收入價值，嚴格地擬定一張清單。起點必須是最重要的項目，再依照每份工作創造的收入價值進行排序。你可能不太清楚如何判斷哪個工作比較重要，別擔心，我們會在稍後的章節詳細討論。

步驟五：心無旁騖，專注首要任務

「專注」的意思是，一心一意地追求，直到成功為止。如果第一個工作還沒做完，絕對不切換到第二個工作。這是不是很簡單？如果真的這麼簡單就好了。請你記得，所謂的紀律，就是「無論喜歡與否，都專心一意地完成」。想想完成重要工作之後會多滿足。負起責任，確保有人會督促你。事成之後，好好獎勵自己。遠離干擾，用盡全力。

困惑

困惑這種情緒其實相當單純。雖然許多字眼與說法可以描述困惑，字典也有相當多的定義，但我們可以簡單用三個字說明什麼叫作困惑，那就是「不清楚」。

困惑的原因很多，包括缺乏知識與經驗，或者太多選項，但你沒有能力決定並且做出排序。困惑也可能是因為自我質疑，不確定自己是否具備高效率完成事情的能力，或者不清楚什麼是最好的選擇、正確的決策方式與行動方法。困惑可能來自於不堪重負，也可能引發不堪重負。既然困惑與不堪重負息息相關，若你依循五個消除不堪重負的步驟，困惑也會迎刃而解。

如果你想完全消除困惑，請遵守以下的簡單步驟：

步驟一：檢驗願景、價值與關鍵結果領域；

步驟二：拒絕任何不屬於關鍵結果領域與創造收入工作的事物，堅決斷捨離；

步驟三：根據最重要的關鍵結果領域以及創造收入工作，排定優先順序；

步驟四：立刻下定決心，迅速進行首要任務。

我們不必複述一到三的步驟，需要的話，請自行重讀前面的說明。步驟四的重點略有不同，你必須立刻下定決心，並且迅速採取行動。

困惑是一種虛空狀態，你不能決定「要」或「不要」，沒有辦法往前，也不是「以退為進」，只是卡住了，迷失在虛空狀態，任憑光陰流逝。

因此，完成步驟一到三之後，就必須迅速下定決心。

你做的第一件事，就算不符長遠價值，也沒有太大的關係，重要的是你必須得到動力，迅速擺脫虛空狀態，開始追求目標。即使決定不正確，至少已經開始行動，或許看起來像是退步，但行動會帶來回饋，讓你修正方向。

沮喪

沮喪是無法滿足需求，或者不能解決問題而產生的不滿，通常伴隨焦慮與憂鬱。如果可以做你所愛，實現心中最高理想與價值，實際採取行動追求目標，就不會沮喪。換言之，沮喪的處理之道應該很簡單吧？如果真的這麼簡單就好了。

如果（在大多數的時候）都是做你所愛，就可以承受掙扎。你會接納旅程中必然出現的沮喪，有時甚至會享受這種感覺，因為內心清楚自己走在正確的方向。拳王阿里忍耐無數小時的訓練，愛迪生接受所有的實驗失敗，因為他們都走在正確的方向，自發採取行動，追求珍貴的願景，實現自己的目標。你一定會沮喪，但你明白怎麼一回事，也知道沮喪一定會慢慢消失。

沮喪通常是不堪重負與困惑造成的結果。如果你感到不堪重負與困惑，就容易沮喪。

以下六個步驟可以用來消除沮喪：

步驟一：不要苛責自己

因為沮喪而灰心，會陷入越來越沮喪的惡性循環。最好的自救方法是不要苛責自己。這會讓悲慘情緒產生複利效應，也要停止自艾自憐或對自己生氣，趕緊踏出前進的步伐，擺脫這種心情。

你不是沮喪。你不是你的情緒，那只是情緒而已。

不要讓沮喪的情緒打擊你的自我價值，或者產生自我質疑。了解情緒的本質，採取應對機制，做出改變而成長。

如此一來，在某一天、某個星期、某個月甚至某一年，負面情緒會煙消雲散，你也會成長，走到更高層次。在這個層次中，原本讓你沮喪的事情已經不是問題。只有更高層次的問題，才會再度引發情緒。

步驟二：你感受到什麼「回應」？

沮喪其實是一種回應，因為你沒有做正確的事情，或者不是用正確的方法做事。從這個角度來說，沮喪其實是一種好的感受，因為它提醒了你，你的生活與行動，並不符合最高價值與願景，所以你要做出取捨。

假如你很清楚自己做的事情是對的，那麼沮喪則是提醒你，「要做得更多、更好，或者採取不同的方法」，你必須進步，才能提升到下一個層次。

你必須傾聽沮喪，凝視真相，找出必須的改變。做同樣的事情，卻想得到不同的結果，這只是瘋狂的幻覺。

步驟三：檢驗願景、價值與關鍵結果領域

這個部分已經解釋過了。如果你需要再讀一次，請回到「不堪重負」的步驟二（請見本書第117頁）。

步驟四：根據最重要的關鍵結果領域與創造收入工作，排定優先順序

這個部分已經解釋過了。如果你需要再讀一次，請回到「不堪重負」的步驟四

（請見本書第119頁）。

步驟五：心無旁騖，專注首要任務

這個部分已經解釋過了。如果你需要再讀一次，請回到「不堪重負」的步驟五（請見本書第120頁）。

步驟六：獎勵自己、開心慶祝，讓自己快樂

一旦思路清晰，完全願意承擔個人責任，並且主動消除沮喪情緒後，你已經有辦法主宰情緒了。你對自我的理解、你所擁有的自制力，已經提升到多數人無法企及的程度。

你應該稱讚自己，因為你真的很棒。你擁有獨一無二的才華，展現了睿智的一面。好好慶祝，獎勵自己，記住正向的成功感受，多麼微小的成功都沒關係，因為你養成了新的好習慣，創造更多動力。一場一場的小勝利，可以帶領你追求更偉大的成功。

完成一個又一個的工作，追求一個又一個的目標，卻忘了獎勵自己或慶祝，最後會壓垮自己，因為你一直在找下一個目標或最偉大的成就，才能覺得幸福與滿足。當你成功了，卻已經上癮，立刻就想追求下一個目標，但這種想法非常虛幻，因為永遠有更多目標在前方等著你。無論多麼成功，學習多少經驗，或在這場旅途上得到多少成長，太多的物質目標或太想得到富裕的生活，只會讓你空虛，無法實現真正的目標。

「生活槓桿」處理不堪重負、困擾與沮喪的方法可以總結如下：

一、了解情緒的本質與意義，認清情緒的來源是自己。

二、採取必要的回應，理解自己可以改變，進而控制情緒。

三、學習「生活槓桿」的處理方法與系統，徹底消除情緒。

摘要

不堪重負、困惑與沮喪是生活槓桿的最大阻礙。

從現在開始，專注在最重要的關鍵結果領域與創造收入工作。不必馬上追求完美。

好好規畫每段時間，遠離所有干擾。放棄低價值的任務與不屬於創造收入工作的事情。

如果別人把意見與急事丟到你身上，要比以前更懂得勇敢拒絕。

Part 2

策略

許多人之所以不能按照自己的想法來控制與管理生活，不是因為沒有能力，而是因為他們不知道什麼叫做「按照自己的想法」。

你外出的時候，並不會進了車子，就隨意開車上路吧？外出前要先知道目的地，得知最短的可行路線，避免交通意外與塞車，一路上遵照正確的指示前進。如果只是隨意漫遊，花了一堆時間與燃料，還是哪裡也到不了。然而，這就是大多數人經營企業與人生的方式。

第二部分的第一個章節要討論VVKIK，這個縮寫代表：

V：**價值**（Value）

V：**願景**（Vision）

K：**關鍵結果領域**（Key Result Area）

I：**創造收入工作**（Incoming-Generating Task）

K：**關鍵績效指標**（Key Performance Indicator）

依序搞懂這五項要求，你絕對能過好人生，在對的時間做對的事情。書裡提到的所有系統、模型與策略方法，全都是以VVKIK作為基礎架構。

11 這件事值得做嗎？

你要怎麼知道自己做的事情是對的？你前進的方向，真的會實現願景與傳承嗎？你是否曾經覺得不堪重負、沮喪或是提不起勁，害怕犯錯，懷疑自己的決定？

許多人一開始就輸在起跑點，因為他們的基本概念完全錯誤。他們做再多、再辛苦，庸庸碌碌處理不重要的事情，卻以為這樣叫作生產力。他們的老闆、導師與潛意識告誡再三：一定要努力、努力再努力。他們速度很快，做得很多，但方向全錯了。

用本章介紹的VVKIK結構檢驗你的進展與生產力，核對「生活槓桿」的重要元素，確定自己做到知而行，你的行動就會自然得到最好的啟發與結果。VVKIK的結構越茁壯，底層的基礎條件就能輕鬆深耕，你也可以時時刻刻都迅速果斷決定下一個行動，彷彿只是出於本能而已。

○價值（Value）

生命最重要的是「價值」與「價值的優先順序」。你的價值與優先順序獨一無二，沒人會跟你一樣。既然沒人與你相同，只要能夠忠實做自己，你也能夠成為獨一無二的天才。你不比別人更高尚，也不比別人低劣，每個人都是獨一無二的。但你可以成為更好的自己。

問題是，大部分的人都不知道自己的生存意義，或者應該說沒有自覺。他們無法忠實表現自己，也不珍惜自己的價值。**想要珍惜自己的價值，第一步就是了解自己的價值。**

以下的策略會讓你獲益良多、頭腦更清楚專注，同時更珍惜自己，不再自我懷疑和自我貶低。你可以自發地管理生活與行動。而以下的策略也是「生活槓桿」哲學的基石。

準備好改變人生，花時間徹底執行。拒絕所有分心的干擾，專注在以下的策略方法：

一、用紙筆、手機或者平板設備寫下生命中最重要的事情；

二、思考更高層次的抽象概念，例如健康、家庭、財富、自由、幸福、學習、成功、成長、旅遊、外貌；

三、寫到沒有任何想法，或者發現自己寫的東西完全不令人期待為止；

四、謹慎評估清單，根據自己要的生活改變，排出重要順序，例如提高財富與家庭的位置。

為了幫助你完成這個過程，也請參考以下建議：

- 你大多數的時間在做什麼？
- 你喜歡做什麼？做一整天也不會有壓力？
- 你大多數的時間在哪裡？家裡、辦公室，還是車上？
- 你經常思考什麼？
- 你最有名的特質？
- 你完成什麼重要成果？沒有完成的是什麼？（請撇開個人喜好）

在這個策略練習中，務必不要自欺欺人，或是思考太多。不要用「我應該這麼想」、「我都對別人這麼說」或「我想對未來的自己這麼說」來限制自己。如果你是手藝驚人的家庭煮夫、才華洋溢的電玩玩家或收藏破百的包包專家，也請坦然面對自己。

珍惜策略練習的過程，切勿批評自我，要任其發展，享受過程。這個策略很重要，請即刻進行。

假如你完成了，這個清單就會像鏡子一樣反射出真正的你。同時，這份清單也可做為你的生活指引，變成你所有行動的準則。

試想，你如果求學時曾經力行這個練習，結果會如何？想像一下，如果半年至一年之間，你能重新檢視一次，做出調整，又會發生什麼事？然而，重點不是留戀過去，而是趕快往前邁進。你必須把生活價值清單放在筆記本、手機、平板設備或者任何雲端軟體。你正在體驗嶄新的過程，讓習焉不察的事物變得有意識，讓看不見的浮上檯面，因此，你需要時時刻刻提醒自己。

每天就寢前和起床時，花點時間瀏覽這份清單，這是最好的方法，能夠讓你看到以前看不到的價值。你只需要用兩、三分鐘瀏覽清單，謹慎思考一番，一天不過四分鐘。幾個星期之後，你就會把這些價值牢記於心，下意識地知道自己應該做什麼，又該放棄什麼。

意識需要休息，但潛意識則不需要。人人都明白這個道理。每天起床之後，生活裡的重要象徵讓你保持動力。你可能會有鮮明的夢境記憶。日有所思，夜有所夢。睡前感受的強烈情感，也會進入夢境。既然思考可以影響潛意識，那麼這就是我們掌握潛意識的好機會。

科學研究認為，潛意識有兩個重要關鍵：

一、情緒

情緒是人類潛意識獲取資訊的關鍵，所以你體驗的情緒越濃厚，越會對記憶產生重大的影響。你的心智無法區分真實與想像（所以夢境總是栩栩如生），無論想藉由心智的力量完成什麼目標，大聲說出來，表達你的情緒。你展現的情緒越多，成果就會越好，因為你的潛意識認為那是真的。現在，請想像一下價值成真，想像自己用熱情、自由與幸福實現了所有價值。

二、重複

善用潛意識追求最佳成果的另外一個方法，就是利用重複傳遞訊息的魔力來養成習慣，使自己從「有意識的無能為力」轉變為「潛意識的有競爭力」。

你還記得第一次練習騎腳踏車或開車的情形嗎？白天清醒的時候，讓潛意識熟悉你的想法，夜晚睡覺才能造就潛意識的習慣，就可以直觀自發地理解你想精通之事。

美國海軍上校傑克・桑斯曾創造一個傳奇故事。他在越戰期間受傷，成為戰俘，被關在河內市的山丘囚禁營七年。桑斯上校與其他俘虜一樣被徹底隔離，不能進行任何肢體活動，與其他俘虜的往來當然也遭到限制。七年來，他只能「活」在一點五平方公尺的牢房裡。

雖然桑斯上校的肢體行動遭到限制，但他知道自己不需要在心智上也被束縛。於是他在心裡建設一座完美的高爾夫球場，每個環節都鉅細靡遺，還有景色、氣味與各種感覺。他想像了球場上的草皮、樹叢，甚至是身上的衣服，完完整整建立了十八洞的球場。於是桑斯上校開始在這座球場打球了。

七年來的每一天，桑斯上校都在球場上打十八洞，一桿接著一桿。他在內心世界體驗了球場的風向、氣味和每次擊球的感覺。這是他的專屬球場與比賽，他的每次揮擊，當然都是完美。每次開球、進攻與推桿也同樣無瑕。日復一日，桑斯上校在一點五平方公尺的牢房裡，享受完美高爾夫球賽的奢華。

成為海軍上校之前，桑斯只是一名業餘的高爾夫玩家，偶爾參加比賽，開球距離不過一百碼左右。經歷了七年的內心高爾夫球賽後，一切變得不同了。桑斯上校獲釋回到美國後的第一場高爾夫比賽，就繳出七十四桿的佳績。這是他八年來的第一場比賽。過去八年來，他不只一場比賽都沒打過，由於遭到囚禁，他的身體行動也受到限制，但他還是順利完成二十場完整的高爾夫球賽。

這個故事背後的意義在於**心智可以影響現實**。任何領域裡的超級巨星都渴望勝利，不管條件或環境多麼惡劣。渴望替他們鋪設道路，造就了傑出的表現。無論你想做什麼，你也可以在生活中應用心智的力量。

這不是正向思考而已，而是在心裡創造完整的「影像」，包含從頭到尾的所有細節，你必須反覆收看，不能偶爾看一次就好。每天都應該這麼做，直到「影像」變成內心相信的現實。內心的現實最後會轉換成生活的現實。這是簡單的行動概念，但很少人願意每天花時間這麼做。

你可以現在上網搜尋這個故事。就像所有傳說故事一樣，你會發現桑斯上校的故事也有眾多版本。你可以選擇要不要相信，無論你認為自己能不能做到桑斯上校的境界，都是你的自由，沒有對錯。

但是，請你想像一下，如果你願意每天花四分鐘，在就寢前與起床後，採用同樣的思考，把你的目標價值刻畫到潛意識中。驚人的心智力量，能夠對你產生什麼樣的影響呢？

看看你的價值清單，就能知道你的熱情與痛苦是什麼，也會明白你想要什麼樣的工作與私人生活，你會受到什麼東西的鼓舞，又需要用什麼來激勵自己，所有的一切都再清楚不過了。

到了現在這一刻，你的潛意識已經開始接受這份清單，專注在最重要的價值，遠離最不重要的以及根本不在清單上的東西，也應該會符合你的優先順序。

如果你不喜歡現在的清單，想要改變生活，就用自己的意識重新擬定一份清單。你的價值會因為生活而改變，而你也有能力做出改變。可能是隨著時間而產生的有機變化（例如年紀增長以後，會越來越重視健康），或是某個事件引發你的強烈情緒而被迫改變，也可能只是單純的想要改變。**如果你想要扭轉人生，只有內在**

價值的改變才能帶來最深刻、快速與持久的變化，因為價值觀是你生命的驅動力。

一個人所重視的價值通常來自於其匱乏的事物。生命的重要價值都是尚未達成的目標。富裕的人不會將金錢視為重要目標，因為他們早已填補了這塊空虛，於是其他的事情會取代金錢，成為價值清單裡更重要的目標。

這就是為什麼「溜溜球節食法」的效果如此兩極。採用這種方法瘦身的人認為身材更重要。如果節食效果不好、身材不好，他們會非常痛苦。一旦節食效果卓越，成功減少體重之後，他們又會開始吃冰淇淋。我們都知道自己會為了在重要活動時穿一件特定的衣服而瘋狂節食，結束之後開始放鬆，結果體重再度上升。只有找到新的動力，才會讓我們覺得自己應該要保持更好的身材，體重健康再度成為重要的目標。受到批評（或者不公平的比較）而導致自信心受損，就會思考自己的身體健康與生活條件，再把這些事情列入價值的順序清單。

上述例子，是在說明價值觀如何驅動我們的生活。多數人的生活掌控能力只是表象而已，因為他們只有做到表面功夫。你內心的不堪重負、困擾與沮喪越強烈（而這些感覺會導致焦慮與憂鬱），那麼，你更應該深刻地探索自己的價值。

感到不堪重負、困擾與沮喪時，問問自己：「我的行動符合生命的最高目標嗎？」你一定知道答案，因為你花了最多時間努力。如果狀態良好，時光飛逝，就會慢慢得到美好的結果。如果狀態不佳，可能是因為沒有用正確的方法實現目標，或者沒有將短期痛苦的付出轉換成未來的最高價值。因此，你應該往後退一步，迎接鼓舞，讓行動、專注力與職業付出變得更重要，或者讓短期的行動與未來的最高價值重新產生連結。無論內心價值簡單或極具挑戰，你都能迎刃而解，而這個過程也可以協助你理解自己應該專注在什麼事情，又該放棄哪些東西。

●願景（Vision）

你的人生想追求什麼目標，而你又是否能夠清楚看見目標和成果？你想留給後代什麼傳承？你希望子孫用什麼方式記得你？你想不想為這個世界做點事？這些都是重要的問題，但大多數人通常不會花時間好好思考。

願景是價值的終極呈現，只能藉由鼓舞而實現。願景是一張地圖，指引你走過十字路口，經歷艱難的選擇、挫折、流轉，以及每次視野朦朧與困擾的短暫時刻。

很多人沒有真正的願景，所以缺乏實現感、鼓舞感與成就感。假如你不知道自己想要什麼，或是無法想像自己未來的模樣，就不可能抵達目的地。願景也是一種生活目標，活出有目標的人生，代表用人生追求目標。

沒有願景與目標，你的人生漫無目的。如果沒有目的，對人類的演化與生存也就沒有任何意義。這也解釋了為何有人會用盡一生的時間追求生命的意義。我相信生命的意義在於尋找真實而獨一無二的目標，於是你能為人性價值添色，替人類演化盡份心力。

「生命的目標，在於追求有目標的人生。」——羅賓・夏馬

這也是目標更遠大且清晰的人之所以比較成功的原因。他們幫助人類進步，留下鼓舞人心的傳承，而其他沒有願景、方向或目標的人，通常會覺得空虛與憂鬱，有時甚至還會走上自殺一途。心智健全而目標清楚的人，從來不會選擇結束自己的生命。

根據英國國民健康署的研究，許多自殺的人都有心智不適的問題，最常見的情況是憂鬱與酗酒。在許多案例中，自殺通常也與無力感和自我價值低落有關。因

此，假設心智能力健全，光是缺乏希望與自尊，容易導致缺乏願景與目標，也是造成自殺的重大原因之一。

在前面的章節裡，我們曾經討論過缺乏人生目標容易使人罹患「心碎症候群」，常見的案例是退休或者失去摯愛。這些隨機而毫無預警發生的事件，可能使人因為突如其來的焦慮與壓力，導致心室膨脹而猝死。

因此，願景與目標可以說是真正的生命力起源。我很難過當年在學校的法語地理班，從來沒有人教導我們「如何活出有意義的生命」這個重要主題。

奧地利的存在主義精神分析專家維克多・法蘭可在感人肺腑的作品《活出意義來》裡，建立了著名的「意義治療」學派。佛洛伊德主張人類的主要動力是性與侵略，法蘭可的看法不同，他認為人類最重要的動力是追尋生命的意義。

法蘭可親身經歷了佛洛伊德所不曾體驗的事情。一九四〇年代，法蘭可被囚禁在納粹集中營。他體驗了現實世界。他感受了失去一切的可怕，只剩下被虐與恐嚇。儘管如此痛苦與殘暴，法蘭可沒有放棄的原因，就是生命的意義。他在掙扎中看見生命的意義，這給了他力量，能夠熬過凡人無法想像的煎熬。

逃出集中營之後，法蘭可出版《活出意義來》探索當時的經驗，並且建構了意義治療學派。法蘭可巧妙地引述了尼采的一句話，總結人如何保有自己的生存意志，倖免於集中營：

「擁有生存理由的人，能夠承受一切。」——尼采

這就是生命目標與願景的力量——即使是最難以想像的非人道對待與虐待，都無法戰勝生命的目標與願景。就算你會懷疑，這種生命的終極目標是否真的有助於對抗艱難的困境，但可以肯定的是，它會讓你擁有前進的力量，度過困難的挑戰、轉變、人際關係以及各種行動。生命的目標讓我們視野清澈和專心致志，並且懷抱希望，相信事情會變得更好。

讀完這些故事之後，你會不會覺得現在是個創造你的生命願景，好讓你活出理想的價值與更崇高目標的好時機？這是件攸關你生命價值的事情，可不像列購物清單那麼簡單。

先輕鬆一下，玩個小遊戲吧。以下是某些知名公司與著名人物的願景。你能不能猜出他們是誰？

- 組織、整理全球資訊，推動資訊普及，讓資訊更有用。
- 建立一個場所，讓人可以在網路上尋找自己想買的任何東西。
- 改變世界移動的方式。
- 治療全世界的小兒麻痺症。
- 變得富有。
- 做出非常好吃的蛋糕。
- 追求全球財務自由。

我馬上就會公布解答，所以你也不需要作弊上網找資料。你的表現如何？我猜你可以猜對三個以上。

答案如下：

- 組織、整理全球資訊，推動資訊普及化，讓資訊更有用——谷歌。
- 建立一個場所，讓人可以在網路上尋找自己想買的任何東西——亞馬遜。
- 改變世界移動的方式——福特汽車。
- 治療全世界的小兒麻痺——比爾・蓋茲夫婦基金會。
- 變得富有——巴菲特。

- 做出非常好吃的蛋糕——英國知名甜點品牌「奇普林先生」。
- 全球財務自由——發展房地產（這是我旗下的一間公司，但我想你還不熟）

雖然這些願景彼此有些差距，但共通點是，他們都非常清楚自己的終極目標。他們的願景都很偉大，甚至遠超過他們本人的能力。但這就是夢想的意義，因為唯有如此，他們才有前進的動力，願意承受一路上的喜怒哀樂，並且永不停下腳步，追求精采的人生與傳承。

這些夢想可以帶給你方向，讓你獨領風騷、自我激勵，幫你度過所有情緒。願景，可以改變世界，帶領人類進步。

請你捫心自問，在紙上、手機或電腦裡寫出願景與目標。先求有，再求完美。一切會慢慢進步。不要妄自菲薄，以為自己不夠偉大，所以不配擁有夢想，也不要覺得自己不懂，或者以為這些夢想很難實現。請勇敢寫出腦海裡的想法：

- 你的人生想要追求什麼目標？
- 你想要用什麼方式服務全世界，讓生命更有意義？這就是你的人生願景。
- 為什麼這件事情如此重要？
- 三年、五年、十年、二十五年或五十年後，你想要自己的人生變得如何？

• 你想要其他人用什麼方式記住你？

一旦你對這些問題有了大致的想法，就能夠定期回頭檢驗願景，克服不堪重負、困惑與沮喪等情緒。

某些人與企業的願景相當清晰，讓他們從內心知道自己想要什麼。有些人說這是「吸引力法則」，有些人說是「專注的力量」，另外一些人則說是「意志的展現」。你選擇自己喜歡的說法就行了，總之這個方法很有效。無論你的願景是什麼，規模多大多小都沒關係，只要你滿意，它就會按照你喜歡的方式，用最真實而有意義的方式，讓你得到推動自己的力量，你也可以開始協助其他人。

不要與別人相比，也不要擔心朋友、家人與社會投射在你心上的情緒，只要專注在自己身上。畢竟，如果你拿出最好的一面，一定可以造福其他人。

不要省略這個步驟。花時間嚴肅思考。這是經營往後人生的第一步，值得你認真思考。

只要你思考完自己的願景，就能夠把價值與願景連結在一起。你珍惜的價值能夠用什麼方式推動你的願景，或者幫助你追求願景？務必確保願景與價值之間息息相關。如果你的願景是擠身富人之林，但財富並非你的十大價值，這樣一點意義也沒有。所以，請你務必好好花時間思考願景與價值的關係，妥善調整與重新排序。

如果你需要協助，想找人分享，或者承擔實現願景清單的責任，歡迎你造訪我的臉書專頁（www.facebook.com/robmooreprogressive），與我分享你的想法。

請你提供對此書的想法，分享你的願景與價值。如果你標記我，我也可以協助你，給你一些回饋。

關鍵結果領域（Key Result Area）

關鍵結果領域是你的最高價值領域，可以幫助你評估釐清自己的願景。

你應該在三到七個不同的關鍵結果領域裡，投入最多的時間，才能夠替你的團隊、公司與傳承帶來最好的成果。關鍵結果領域通常是具策略性且帶槓桿效應的工作任務和功能運作，例如開發與維持商場關係、建立好的人際網絡與智囊團、發展商務系統、募資、商業規畫與策略擬定、召集董事會、職業訓練等等。

如果困在日復一日的小事裡，通常無法專注在關鍵結果領域，因為過於繁瑣而操作型的事情多半不是關鍵結果領域，只是日常例行工作。

若你覺得不堪重負、困惑或沮喪，通常是因為在別人的關鍵結果領域裡替別人工作。那種感覺就像努力工作了一整天，卻覺得自己什麼都沒做——因為那些工作對你來說一點意義也沒有。

每天、每星期、每個月、每半年或至少每年，都必須重新思考自己的關鍵結果領域，確定你做的工作對你的人生來說很重要，讓生活符合最高價值。

檢驗別人請你做的例行工作、要求與待辦事項是否不在你的關鍵結果領域內。如果符合你的關鍵結果領域，放手去做；假如與之抵觸，就委外辦理或者放棄。在這件事情上，你必須態度堅決。關鍵結果領域讓你視野清晰，找到完成目標與願景的最佳路線，立刻消除重負與沮喪，促進腦內啡的分泌，因為你知道自己做出了正確的行動。

進步、動力與複利效應可以讓你感覺良好，建立自我價值，並且追求更多成就。

假如你聘請了員工，也務必替他們設立關鍵結果領域。員工離職或討厭工作的常見抱怨如下：

- 我覺得不被欣賞。

- 我沒有明確的目標（無論個人或職涯發展）。
- 我不覺得自己做的事很重要。
- 我的老闆不在乎我。
- 職場期待不切實際。
- 我手上要處理的計畫太多了。

至少四個情況與關鍵結果領域有關，甚至可說全都有關。你的員工與團隊也需要清晰的視野。他們必須知道，自己的角色與公司的明確目標之間，有什麼樣的關聯。他們得清楚自己應該做什麼，才能產生正確的期待，知道哪些工作具備重大價值並且能夠帶來改變，又應該怎麼安排優先順序。如果他們替自己的職涯與你的企業拿出最佳表現，就會感受自己正在創造不同（因為他拿出最好的表現），也會因此認為自己受到重視與鼓舞。

個人與團隊的關鍵結果領域應當列在求才說明的最上方。刪除整疊的工作計畫表，用一段文字清楚說明各職缺的角色，底下列出三到七個關鍵結果領域。關鍵結果領域是每個職缺的必備條件，也是清楚的方針，表達了員工與企業如何同時滿足彼此的益處。

在你隨身攜帶的生活目標與願景清單裡，關鍵結果領域的位置，僅次於願景與傳承。我會在稍後的篇幅裡送你一個禮物，讓你能同時追求願景、傳承與關鍵結果領域。

●創造收入工作（Incoming-Generating Task）

創造收入工作是指對你（與你的企業）來說，價值最高的工作，並且符合你的關鍵結果領域。創造收入工作讓潛在財務價值發揮槓桿效應，並且隨時產生最大化的利潤。創造收入工作帶來最有槓桿效應的收入效果，發揮最佳化的時間應用，創造最大益處與最少浪費。創造收入工作做得更多，就能用更少的時間，賺取更多的利潤。

如果你沒有專注在創造收入工作，卻認為每件工作同樣重要，或者沒有優先處理創造收入工作，待辦清單就會變得越來越長，而重負、困擾與沮喪的感覺，也會不斷干擾你。

不是每個工作都同樣重要。在前面的章節裡，我們已經介紹過高爾夫球場大多數職業球員的四成揮擊，只會用到推桿（占球杆總數的7.14%）。提高推桿練習的優先程度，並且投入更多時間，可以大幅提升球員成績，簡而言之，這就是槓桿效應。同樣的道理，優先專注於創造收入工作，才能在最短時間內，創造最大的收益，還能夠釋出更多時間。你可以把這些時間投資在更多創造收入工作，或者盡情享受休閒時光。

在「生活槓桿」稍後的篇幅，你會發現自己現在的創造收入價值，大約只有一英磅或一美元左右，但你也會學到一個簡單的算式，讓創造收入價值立刻提升十六倍。

關鍵績效指標（Key Performance Indicator）

關鍵績效指標是相當重要的實際標準，可以用來衡量企業和個人的目標，並且保持前進、減少失誤和達成槓桿效果最大化。

人類無法主宰任何不能實質衡量的事物。

關鍵績效指標是一組重要的資料數據組，能夠讓你幾乎即時看出自己的事業起伏。隨著你的商業管理地位提高，將實質的營運權力交付他人，自己專注在策略規畫時，關鍵績效指標就會變得越來越重要。

常見的錯誤是太晚設定關鍵績效指標，或者根本沒有做到，因為達到績效要求耗日費時，也會讓人無暇兼顧更緊急而實務的工作。但是，為了追求關鍵績效指標而無暇兼顧其他工作的說法，就像是在說「忙著工作而沒有吃飯」、「忙著工作而沒時間讀書」或者「忙著工作，所以沒時間把支票拿去銀行兌現」。

關鍵績效指標能夠協助你追求關鍵結果領域，因為它提供了即時的資訊回饋，讓你得以控管關鍵結果領域與創造收入工作是否帶來正確的結果。

你可以測試關鍵績效指標的回饋、加強或者修改關鍵結果領域還有創造收入工作。如果你不懂關鍵績效指標，就無法明白其重要性，也很有可能一直都在輕易犯錯，走在錯誤的方向，雖然非常辛苦工作，卻無法達成任何結果。

試想一下，你是銷售業的員工，卻沒有任何銷售評量標準或關鍵績效指標。你可能賣了一堆東西，整體而言卻沒什麼利潤，而且完全沒有察覺異狀。這是相當嚴重的自我打擊，因為這等於你所做的事情全是徒然。

但我仍合理假設，多數的小型企業都沒有採用足夠的即時關鍵績效指標作為評量系統。從這個角度來說，十間新創企業會有九間在第一年倒閉、八間會在三年之內倒閉，其實也不意外。

立刻開始編制自己的關鍵績效指標，無論是個人還是企業的都是。從你腦海的第一個念頭開始，例如你希望核查的標準、銷售評比、行銷與財務報告等。「我不知道應該設定什麼關鍵績效指標」不該成為藉口，因為你只需要花一點時間，就能輕鬆設立關鍵績效指標。你經營自己的人生與企業，當然會直觀自發地知道什麼是最重要的關鍵。

以下提供一些方法，讓你可以加入更多關鍵績效指標，更系統化的運作，減少過於操作的瑣碎工作，達到事半功倍、外包大小事並且創造理想的行動生活，以下就讓我們逐一探討：

①閱讀數據管理與商務成長的書籍

我從《大數據》、《卓越可以擴散》、《公司賺錢有這麼難嗎》、《哈佛商業評論》裡的多篇文章、《成功！Hold得住》、《執行力》、《十倍勝，絕對不靠運氣》、《10個關鍵詞讓管理完全不一樣》與《不花錢讀名校MBA》學到了很多。

雖然這些書的主題不完全是設定關鍵績效指標，但如果你學到知識，能夠從中應用，便可得到許多重要的關鍵績效指標。

②向企業規模更大的企業主請益

他們經歷過你現在這個階段，也解決過你眼前的問題，甚至是你還沒發現的問題。請教他們的做法與指標，如果剛好與你的情況很雷同，就要立刻效法執行。

③分析你的企業，專心解決問題

找對問題，就能發現正確答案。專注解決問題，一定可以找出你需要的衡量指標，確保問題不會再度發生。

④分析現有的關鍵績效指標

檢視且思考現有的績效指標，可以激發你對新指標的想法。舊的關鍵績效指標如果失敗了，也能提供珍貴的數據，讓你創造新的關鍵績效指標。過去失敗的原因是什麼？員工士氣低落、身體狀況不佳或者曠職？員工留任的比率是否良好？離職與遭開除的員工數量大於留任人數？

⑤分析你的企業團隊與客戶群

詢問你的團隊與客戶，什麼才是企業最重要的元素？又會遇到什麼瓶頸？他們是否想知道更多資訊，卻不得其門而入？我們該開始做什麼？又該放棄什麼？需要保持什麼？你會發現答案就在自己面前。

●結論

完成以上的目標之後，你已經擁有一套循環回饋系統，能夠時刻保持在正確的軌道上。從你獨有的最高價值，到細緻的評量標準，你可以保持活力，減少親力親為的時間。

現在的價值管理系統與方法，讓你視野清晰，只做最重要的事情、裨益更多人，打造你想留給後代的獨特傳承。

你值得把時間花在自己身上，找些時間，遠離外界喧囂，連最基本的白噪音也要隔離，徹底專心工作。投入關鍵結果領域與創造收入工作，你會發現人生變得極為不同，能夠立刻實現許多目標，讓你充滿喜悅。

摘要

「生活槓桿」的完整哲學建立在VVKIK的基礎架構上：願景、價值、關鍵結果領域、創造收入工作還有關鍵績效指標。如果你能夠持續用VVKIK作為標準，專注並且持續衡量自己的進步，就會擁有喜愛的生活。清晰的視野、願景、傳承、財富與自由，全都來自於VVKIK。好好規畫策略，用不被打擾的時間來探索、發展且改善策略，至少每半年就要重新評估一次。

12 助人是創造快樂與財富的不二法門

生而為人，如果沒有任何價值，那麼人生就沒有意義。我們演化至今，面對適者生存的嚴苛法則。一旦失去目標，人會完全枯萎，正如英國國民健康署的研究資料所示，生命也會消逝。你不會找到兩個人擁有完全一樣的DNA、指紋還有價值觀。如果地球上有兩個人一模一樣，那就代表其中一人是多餘的。

對全人類發揮獨有價值的方法，就是「服務與解決困難」。幫助人類面對生存、繁衍與變遷，就是在協助人類的進化，在全人類的合作進步中，增添你的價值與服務。你提供越多價值，在全人類中的價值就越高，大家也會更加仰賴你。

把上述想法轉化到你的生活還有「生活槓桿」哲學裡，為他人貢獻的服務越多、解決越多問題，你的生命價值就越高。比爾・蓋茲的願景不是「在我的書桌上放一臺個人電腦」與「治療某個人的小兒麻痺」，而是更大、更長遠、更具全球視野的目標。

銷售是一種服務，按照公平交易原則，把貨品提供給有需要的經銷商；賺錢是一種服務，按照公平交易原則，在經濟交易市場中獲得酬勞；聘請別人替你工作是一種服務，按照公平交易原則，你提供他們的收入，幫助他們支付日常生活費用，有益國家稅收。購買是一種服務，按照公平交易原則，你創造工作機會，讓供應商或創作者能夠抒發熱情與創意。

所有的服務都創造了更偉大的經濟體系，讓其他人有機會提供服務。服務不是單向的，不只是賣家服務買家、員工服務老闆，或者父母服務小孩。服務是一張彼此連結的網絡，會因為人類的經濟發展、進步與演化而成長或受損。

足球員對球隊的最佳貢獻是得分、阻止敵隊得分或者協助隊友得分，當然也會取得相對應的報酬。球員能在一個星期賺到二十五萬英磅的收入，絕對不是沒有道理的。他的薪水、贊助收益與肖像權的權利金，與他對球隊、教練與粉絲的貢獻有關。如果球員無法傳球、防守、得分或助攻，根本不可能得到這麼高的薪水。他對球隊的貢獻會直接影響球隊表現，也會連帶決定薪資。比起貢獻價值低的球員，他拿到的薪水更多，但比起服務價值高的球員，他的薪水當然更少。如果他毫無貢獻可言，自然就會失去在球隊的地位，最後也沒有下一份合約。假設他的表現提升，其他隊伍會為了得到他而願意付出高額轉隊費與更高的薪資。

我不喜歡聽別人抱怨足球員的薪水。你以為他們只是靠著在球場上繞著裁判跑就能賺到薪水。但你的想法並不重要。足球員堂堂正正爭取薪水，因為他們服務其他人。最好的足球員賺最多錢，因為他們娛樂最多人，給予熱情、目標、希望與娛樂。最好的足球員鼓舞最多人踢足球，希望有朝一日能夠同樣傑出。這就是他們的謀生之道。

假如足球員的薪資只是一時假象，或者根本配不上這些薪水，事情自然會有不一樣的發展。假設某位足球員一直受傷，那麼球團老闆會重新協商、制訂合約，按照球員每場的出賽情況支付薪水。如果某位轉隊的明星球員表現不如預期，那麼也會被轉賣出去，價值降低，薪水變少。他們不能維持一定程度的表現或者替球隊建功，會被降到板凳，甚至只能去打預備賽。

從足球員的薪水，我們可以見微知著，理解到服務與報酬是如何運作。足球員表現得越好，可以得到越好的合約，賺到更多金錢、贊助和代言機會，甚至在社群網站平臺張貼文章都會有薪水可拿。

這是因為他們高超的足球技巧，能夠提供服務與解決困難。球員的付出也會產生複利效應。根據運動媒體報導，足球員克里斯蒂亞諾・羅納度每發一則推特訊息，就能賺到二十三萬三百六十六英磅的收入。這是他經年累月的努力工作、超高足球技巧，與服務貢獻所造就的複利效應。

一旦職業運動明星的服務價值降低，收入也會跟著減少。老虎伍茲與自行車明星阿姆斯壯的情況正是如此。事情的發展不順利，贊助商取消合約，媒體開始抨擊他們，觀眾對於伍茲還有阿姆斯壯的看法變了，他們對人類生活的貢獻價值變低，因為他們而受到鼓舞的人也變得更少。

很少人知道「服務」與「解決困難」是增加自身價值、自尊與收入的祕訣。它們確實互相關聯，也是人類生活的一部分。人與萬物共生的方式也是如此。如果某個物種滅絕，就不能替其他物種提供任何價值了。

服務與解決困難也精準解釋了財富分配不均的原因。社會主義與共產主義等意識形態不鼓勵服務與解決困難，這就是為什麼資本主義更盛行於全球社會結構與經濟系統。

資本主義平衡人類的自利（生存與奮鬥）和群體利益（服務與解決困難）。社會主義與共產主義厭惡自利，如果服務與解決困難的行動與規模會引發對自利的關注，社會主義與共產主義當然不樂見。

你服務了多少人，你提供的服務規模有多大，你解決了多少問題，你解決的問題有多大，全都均衡反應在你的收入。

以下這些人物與企業在不同的領域提供不同規模的服務：

- 利樂公司（Tetrapak）的創辦人盧本・羅興之子漢斯・羅興擁有七十億英磅的淨資產，原因是利樂公司最知名的發明：包著塑膠膜的紙盒牛奶包裝（利樂包）。
- 便利貼每年的銷售估計為五百億張，替3M公司創造將近十億的年收入。便利貼是一九六八年時的意外發明。
- 從倫敦的杜徹斯特飯店到東南亞的知名理髮師，汶萊國王最後選擇了肯・摩德斯作為御用理髮師。摩德斯的理髮造型費用是一萬六千英磅，其他的名人理髮師收費通常是兩百八十英磅至一千一百英磅。
- 知名電腦遊戲俄羅斯方塊賣出了一億套。

- 羅曼·阿布拉莫維奇遠近馳名的遊艇「日蝕」，造價大約是三千萬英磅，船上員工數量為七十人，附設兩座直昇機停機坪與一臺潛水艇。
- 比爾·費吉針對天花所提出的全球治療策略，成功使一億三千一百萬人受惠，他也因而揚名立萬。費吉現為比爾蓋茲夫婦基金會的顧問，為治療小兒痲痺而努力。他在二〇一二年時獲頒美國總統勳章。

上述的人物與企業都用不同的方式提供服務，替人類解決困難。以下則是你可以效法的例子。

- 替許多人解決小問題。
- 替少數人解決大問題。
- 多次解決一個小問題。
- 多次解決一個大問題。
- 提供慈善服務。
- 提供物質服務。
- 提供娛樂服務。

便利貼替很多人解決了單純的小問題，利樂公司持有的專利紙盒設計也一樣。

羅曼・阿布拉莫維奇的遊艇雖然只服務一個人，卻創造了許多就業機會、酬勞和物質享受。比爾・費吉從事慈善事業，而他的行動也能創造商業利益和名聲。俄羅斯方塊遊戲解決了人類的娛樂需求。肯・摩德斯則是提供了物質服務（你也可以說他滿足了虛榮心）。

「生活槓桿」哲學認為，**如果你幫助的人夠多，讓他們得到想要的東西，你也可以得到你要的東西**。你的價值不只是加入供應鏈的一環，而是成為與他人相互連結的問題解決者，服務更多人或解決更大的問題。你的報酬、創造收入價值與自我價值，會直接連結到你服務別人和解決困難時的態度與投入程度。

「如果生活變得艱難，試著幫助別人，生活就會改善。」——羅伯・摩爾

「認識自我的最好方法，就是服務別人的時候，忘記本來的自我。」——甘地

事實上，你替別人賺到更多錢，也會讓自己賺到更多錢。從現在開始，增加你對服務與解決困難的專注程度與規模吧。

不要逃避艱難的問題，大膽進擊，解決問題，可以增加你的價值。一旦你的創

造收入價值增加，你的自我價值也會隨之提升，你就會自然而然提升到下一個層次的收入、服務與規模。你心中的願景與傳承，也會因而變得更為清晰。

摘要

如果你想追求財富，記得服務更多人。

如果你想快樂，記得幫助更多人。找出結合熱情與專業、工作與假期的方法，藉由你的熱情提供更多服務，解決更多的問題。

你的服務與奉獻會創造實質的金錢收益。為了更多人的益處，請你勇敢面對更大的挑戰並且解決更多的問題，這樣可以讓你成長與進步。

13 以小換大、借力使力的生活策略

你可以在以下八個生活領域或概念中，善加發揮生活槓桿哲學：

①時間（生活）；
②知識；
③人物與專業技能；
④金錢；
⑤觀念與資訊；
⑥工作與事業；
⑦家庭生活與家人；
⑧社交生活與嗜好。

讓我來一一詳述。

○時間（生活）

我們曾說「沒有時間管理這回事」，事實確實如此，這句話無須再贅述了。你的目標是「節省時間」，才能「獲得更多時間」。從你出生的那一刻開始，時間就已經在倒數了，步調與你的生命一樣緩慢。你投資越多、浪費越少，保存越多、花費越少，就會有更多的時間，可以在自己喜歡的時間，做你所愛，陪伴在你愛的人身邊。

你對時間的認知，會直接影響你控制時間與發揮槓桿效應的能力。你是否認為時間是最珍貴的財貨，必須不惜代價善加保存？你是否明白時間是禮物，所以期盼自己可以讓每段寶貴的時間都發揮最大效益？你是否正在尋找加倍應用時間且發揮槓桿效應的方法？或者，你被瑣碎的例行工作困住了？你是否可以細細品味時間，享受當下，用感恩的心過生活？還是你常帶著悔恨與罪惡回首過去，以恐懼與嫉妒觀望未來？

我會在本書第三部分詳細介紹保存時間的模式與方法。我們所有人都想找到合適的系統與模式。你會在本書得到許多技術方法的啟發。

知識

在執筆寫這本書的此時，如果上網搜尋「股神巴菲特的祕訣」，第一個結果是一篇發表在《時代》雜誌上的文章。該篇文章第一個建議是：**竭盡所能投資自己，因為你是自己最重要的資產。**

這個句子非常睿智，巴菲特不愧曾是全球首富，多年來也一直名列世界十大富豪排行榜。

你或許會理性地以為巴菲特會提出對股市、黃金或長期投資的建議，但世界首富的建議卻是「投資自己」。因為你本身才是最珍貴的資產。

全球知名影星與流行歌手威爾・史密斯曾說：「成功的關鍵是慢跑與閱讀。」一關於閱讀，威爾・史密斯的看法是：「在我們之前，地球上已有無數億的人。一定有人也遭遇過父母問題、學校問題和霸凌問題。這世界上沒有任何新鮮的問題，任何問題都會有人寫過一本書。」

威爾・史密斯說閱讀帶來成功，意思當然不是讀過吉利・庫柏或《格雷的五十道陰影》之後就會做到阿諾那種成功。他說的是非虛構類的自我成長書籍，教你「如何做到某事」，《生活槓桿》就是這種書。

《有錢人的習慣》作者湯姆・柯里在《商業內幕》雜誌發表了一篇研究報告指出：

- 81%的有錢人從事休閒閱讀，只有9%的窮人有這個習慣。
- 85%的有錢人每月閱讀兩本以上的教育、職場規畫和自我提升的書籍，只有15%的窮人有這個習慣。
- 94%的有錢人閱讀新聞出版刊物，包括報紙與部落格，只有11%的窮人有這個習慣。

柯里對有錢人的定義是「年收入在十六萬美金以上，擁有三百二十萬美金淨資產」，窮人則是「年收入最高三萬五千美金，淨資產在五千美金以下」。柯里認為：

「有錢人是貪婪的讀者，想讓自己變得更好。他們喜歡閱讀自我提升的傳記，和成功術一類的書籍。」

很多人在車子上面花了很多錢，但車子終究會折舊貶值。很多人整個星期省吃儉用，卻在週末假日時恣意刷卡，一個月後才體會到循環利息的痛苦。這種行為很瘋狂。

很多人在電子產品上面花了很多錢，但不到三年的時間，電子產品就會損失百分之九十的價值。很多人花大錢買東西，有些甚至不合法，而且沒有任何殘餘價值，只會造成上癮問題，導致每月開銷支出增加了一百英磅以上。這些人從來沒有想過投資自己，提高知識、降低風險，並且增加自身價值。這種行為非常瘋狂。

你可以用以下的方法投資自己：

- 讀書和收聽課程。
- 參加課程、工作坊與研討會。
- 聘請教練或導師。
- 與聰明的人共事。
- 觀賞傳記電影與紀錄片。
- 閱讀啟發智慧的出版品。

- 訂閱專家部落格、網站與社群網站。
- 質疑傳統並且專心聆聽。

錢來得快也去得快，但學習的知識不會消失。你能發揮的知識就是力量。懂最多的人和熱門商機裡的佼佼者，都會得到相應的報酬。

根據美國勞動局的統計，拳擊手的平均薪資是七萬多美元。單一賽事最高收入排行榜的第十名是米格爾·庫托的八百萬美元，這個數字高過平均數字一百倍。單一賽事最高收入的記錄保持人是奧斯卡·德·拉·霍亞，金額則是五千六百萬美元，為庫托的七倍。現在你了解了嗎？不是什麼事情都是公平的。

也許你會認為拳擊手的薪資與知識沒有關係，而是跟「技巧」和「天賦」有關。雖然應用知識就是一種技巧，但沒關係，讓我們看看律師的收入情況。

二〇一三年，美國律師的平均年收入約是十三萬美元，收入排行榜第十名的阿娜·葵茵柯西斯律師擁有八百萬資產。根據「最有錢的人」（TheRichest）網站，全球收入最高的律師則擁有十七億美元的淨資產，是葵茵柯西斯的兩百多倍。全球收入最高的律師可能比葵茵柯西斯更有知識，但兩人的知識差異程度絕對不可能超過十倍。再讓我們把目光焦點轉向職業飛鏢。你會發現最好的選手與其他選手之間的成績差異非常微小，就算是職業排名第一與職業排名第十之間的差別也一樣。

在工業時代，人們大多由手動勞力來創造價值或者增加物品價值。這種價值交換與工作方法僅限工人，他們提供服務、解決困難的能力與規模都受到限制，唯有在數十年的勞力付出與奉獻之後，才能平淡無奇地退休，更別提退休後的生活缺乏安全感與自我掌握的能力。

時代已經變了。機械與無人操作的自動化系統取代了往昔的人力。工廠的生產線已經機械化。手動勞力的價值大幅跌損，知識勞力的價值日漸升高。知識勞力的主要資本是知識。知識勞力工作者有時會被稱為「金領階級」，因為他們的收入相當高，也能保持相對的獨立地位，掌握自己的工作過程。知識勞力工作者賺更多錢，並且更自由。你學習的知識越多，能夠應用的知識越多，就可以賺越多錢。

現在讓我們開始把生活槓桿哲學應用到人生裡：

假設你投資了許多時間學習，成為專業領域中的佼佼者，很有可能賺到極不成比例的收入、控制權和自由。想要發揮槓桿效應，你可以選擇一個本來就提供更多收入、控制權和自由的職業。

我摯愛的琴瑪懷了我們第一個孩子巴比時，我考慮了很久，該用什麼樣的方式養育他，讓他成為一個偉大的人。初為人父，我毫無經驗可言，因此我決定向身邊最好的父親典範與育兒專家請益。

別人都說我們不能學習「如何當好的父母」，說養育子女只能「從做中學」，沒有辦法事先準備。但我認為這種說法是錯的。我們會在育兒的過程中得到自己的經驗，也會對現實產生不切實際的想法（我當然也有）。育兒雖不輕鬆，但很多人做得很好，還有人花了很大的功夫在研究幼兒行為，你可以一邊學習一邊與孩子發展出你們的獨特關係。

我想要巴比成為什麼樣的人？我想要傳遞、鼓舞什麼樣的價值給他？我希望教導他什麼？又想要鼓勵他追求什麼樣的職業志向？各行各業真的平等嗎？我應該讓他自己選擇，還是指引並且鼓勵他追求我認為最好、最正確的道路？於是我想到了高爾夫。

根據Sporteology網站的報導，高爾夫是全世界收入第四高的職業運動，僅次於F1賽車、拳擊與棒球。這份收入排行只有列出同期薪資數字，並未呈現職業選手的生涯全貌。把四個收入最高的職業運動列出來，其中生涯最長的選手分別是：

• F1：魯本・巴瑞切羅，三百二十六場賽事（用場數推斷的職業生涯約十八

年，並非實際生涯時間）

- 拳擊：羅伯特・杜蘭，三十三年（在拳擊場上被擊倒四次！）
- 棒球：卡普・安森與諾蘭・萊恩，二十七年
- 高爾夫：蓋瑞・普雷爾，五十六年

普雷爾的高爾夫職業生涯時間幾乎是其他職業運動選手的兩倍。他不需要在拳擊場上被人擊倒，不用冒險開快車，受傷的機率也很低。除此之外，就像其他的職業高爾夫選手一樣，普雷爾在高爾夫職業生涯結束時，還有很多選擇，例如參加PGA長青組賽事、電視轉播、球具代言與設計，或者參與球場規畫。所有的選項都提供優渥的報酬，代表普雷爾到了八十歲還是能夠賺大錢。

因此，根據生活槓桿哲學的標準，我認為高爾夫是巴比的好選擇。巴比也擁有彈性的生活，把所有與高爾夫無關的事情委外辦理，並且結合了熱情與專業。三歲的時候，巴比成為最年輕的一桿進洞記錄保持人（但不是正式記錄，因為沒有任何影像證明，只是我總不可能在他開球時說：「巴比，等一下，我去拿我的手機來拍，因為等下你會打出一桿進洞，我要拍成影片，才能送到金氏世界記錄辦公室。」）四歲的時候，巴比贏得了生涯第一場正式比賽，在六洞賽裡分別以五桿、

六桿的成績打敗了十一歲、十二歲的對手。巴比五歲的時候，即將參加七歲級以下的世界冠軍大賽。

巴比在球場上揮桿的時候，我從他的身上感受到自己渴望的高爾夫職業選手生涯。生活槓桿哲學和應用知識的力量，讓我們兩人走到這裡。人生裡沒什麼可保證的，我們必須時時刻刻警惕自己。但我非常相信，巴比・摩爾會在二十五歲之前成為世界排名第一的高爾夫職業選手，並且贏得一座四大賽冠軍。如果他做到了，立博公司就會給我一張優渥的支票。

你是最好的資產，你才能滿足自己的福祉，睿智地投資自己吧！

人物與專業技能

人物與專業技能的意思是，**用別人的專業技能發揮槓桿效應**。求學的時候，老師的知識比你多，所以你的父母付錢讓你上學。就算不是私立學校，學費也相當可觀。除此之外，社會大眾也認為應該要在白天把小孩交給學校老師，才能獲得良好的教育。

學習開車的時候，你也會有一位良好的指導員。當你自豪地把「三十公尺」的獎勵徽章貼在泳衣上，證明自己的游泳能力時，代表你從教練身上學習了游泳技巧。看醫生的時候，代表你信任醫師白袍所象徵的專業，以及他們替你開的處方籤。即使你明白，一點點劑量錯誤可能都會要了你的命，你仍然相信醫生。

為什麼大多數的人遇到商業與人生管理時，就沒有辦法懷抱同樣的信任、態度與行為呢？為什麼大多數的人嘲笑別人的「求助」行為？為什麼大多數的人不願意聘請教練、訓練員或導師，來協助他們創造自己的理想生活？為什麼大多數的人不願意求助於人際關係顧問、商業指導教練以及資金管理導師呢？

在大多數的生活重要領域裡，一般人都在瞎子摸象，在沒有指引、支持與課責的情況下，犯下各種錯誤。相較之下，富有的成功人士則是持續地大量投資在教練、導師和人際關係上。

在我寫書的時候，如果上網搜尋「比爾・蓋茲的建議」，第一頁的搜尋結果就可以看到比爾・蓋茲對於經營企業與致富的十個建議。他的第二個建議就是「建立合作關係」。以下是該則建議的內文：

「比爾・蓋茲很喜歡與別人合作，特別是可以主導事情運作，讓比爾・蓋茲只需要在旁協助的人。他覺得這樣很開心，因為這開啟了新的潛在機會，讓他能夠從其他成功的企業人士身上學習一、兩件事情。」

比爾・蓋茲經常被列為全球首富。但這位哈佛輟學生將成就歸功於他的導師，也就是知名企業家與投資人巴菲特。接受加拿大廣播公司訪問時，比爾・蓋茲讚譽巴菲特教導他如何處理艱難的問題，並且放長線來思考。比爾・蓋茲也非常景仰巴菲特「喜歡化繁為簡，讓其他人更容易理解，從他的經驗中獲益。」

但「經驗導師的知識傳承」並不限於社會的高等菁英，這就是為什麼他們能夠位居菁英的原因。讀過班傑明・葛拉漢的《智慧型股票投資人》之後，巴菲特立刻奉他為偶像。在接受採訪的影片記錄裡，巴菲特曾說葛拉漢的書不但改變了他的投資哲學，還改變了他的人生。巴菲特也向葛拉漢任教的哥倫比亞大學商學院提出入學申請，終於有機會接觸葛拉漢本人。葛拉漢日後聘請巴菲特到自家公司上班。兩人建立了濃厚的友誼，也對巴菲特的財富成就產生了巨大的影響。

最成功的逆勢操作投資人之一索羅斯，也採用了跟巴菲特相似的方式打造自己的成就。

億萬富豪索羅斯是可謬論的忠誠信徒。可謬論是一種哲學概念，主張任何人相信的知識，都可能是錯的，因此值得我們花時間好好思考與質疑。對可謬論的信仰，讓索羅斯持續提出挑戰，並且保持對當前投資市場的前瞻地位。索羅斯還提出了更進一步的建議：沒有外界的幫助，沒有人可以保持成長與學習。即使你持續提出質疑，但你質疑的方式相同，只會得到相同的結果，只有外人才能提出不同的角度。因此，如果某個人擁有相同領域或近似領域的豐富經驗，而且還是局外人，就滿足了擔任良好導師的主要條件。

可謬論的概念來自於倫敦政經學院的經濟學教授卡爾・波普，而索羅斯也積極地尋求波普的指導。索羅斯曾說，閱讀波普的《開放社會與其敵人》之後「留下了深刻的印象」，決定拜讀於波普門下。

接受美國談話秀節目主持人查理・羅斯的採訪時，臉書創辦人祖克伯提到了他的啟蒙導師是賈伯斯。

「他很棒。」祖克伯說：「我有好多問題想請教他。」祖克伯也提到賈伯斯建議他要打造一支團隊，跟他本人一樣專注在建立「高品質的好東西」。

《X音素》與《美國偶像》的知名節目製作人賽門・柯威爾向來非常沉著，但也曾提過他因為生活而不堪重負的時候，向英國富商菲利普・格林爵士請益的經驗。接受英國《衛報》訪問時，柯威爾揭露了他的煩惱：「我想做好每一件事情，包括事業、藝人、節目還有一切。」

「格林的好意令人難以忘懷。」柯威爾如此描述格林爵士：「他十分善良。我知道自己有困難的時候，永遠可以請教他。他讓你對每件事情都覺得很自在，也能找到解決的方法。」

> 「如果你請教任何一位成功的商業人士，他們一定會告訴你，在人生這條道路上的某個時間點，他們遇見了一位偉大的導師。」——理察・布蘭森

布蘭森在一份英國報紙上寫道：「剛開始起步的時候，如果有人願意協助你，那是好事。如果當初佛萊迪・雷克爵士沒有帶領我，我在航空業也不會有任何成就。」

布蘭森相信，找到偉大導師的第一步，就是知道自己能夠從中受益。「我理解每個人都有自尊、內在能量或者為人父母的尊嚴，特別是在獨自創業或只有兩人合作的情況下。千山獨走令人景仰，但想要用這種方式挑戰全世界，只是有勇無謀而

已。」

布蘭森的評論深刻且重要。既然在這個章節裡提出的社會常識與各種證據都在在顯示，請益導師、教練和才華洋溢的人際網絡是單純理智邏輯思考下的好決定，為什麼許多人不願投資在這個重要的領域？為什麼認為這是支出而不是投資？為什麼不認為這是重要的優先事項？

讓我們看看背後的理由吧。

① 缺乏知識

人不會意識到自己的無知。一般人不懂啟蒙導師真正的意義是什麼，或是不清楚導師究竟能夠提供多少協助。希望本書的討論能夠讓各位明白箇中道理，並且證明導師的價值何在。

② 開銷

「聘請教練太貴了，我負擔不起，我也不能確定這項投資有沒有回報。」

你必須了解一分錢一分貨的道理，你投資的每分錢都會獲得相應的回報。立刻替自己找一個教練，確定他們在你想學習的領域裡是有頭有臉的人物。假如他們收費低廉，請務必謹慎小心。如果你想要成為最好的，就要找到並且聘請最好的導師。全球最傑出富有的人士將成功歸給啟蒙導師，你當然也會得到相同的結果。把這件事情看成投資而不是支出，不要再把錢花在會折舊的東西，開始投資自己吧。

③恐懼

「也許不會成功，而且還會花很多錢，可能是我還不夠好。」如果你心裡正在這麼想，那你還真的需要找一位教練。

最糟糕的情況頂多就是結果不如預期，但你還是可以從中學到經驗，並獲得成長。但最好的結果卻可能會出乎你的預料，也許你會擠身富豪排行榜，成為全球菁英，誰會知道你的極限在哪裡？

④嫉妒

嫉妒是有意識或無意識地對別人的成功感到不滿，也許你覺得他們的成功相當容易，他們的成長環境優渥，金錢資源更充足，繼承一切美好的東西。你必須艱苦捍衛自尊，而任何成功人士都像是在挑戰你充滿錯覺的自尊。

看見別人的成功，就像對我們的人生做出刺耳的指控，但我們不願承認失敗，想要找尋藉口，怨天尤人。這是邁向成功時最艱困的障礙，只會阻礙你追求願景。

⑤錯覺

「我不需要幫忙。我自己做得到。沒人有資格教我如何經營自己的人生、事業和種種的一切。」你知道自己會從錯誤中學習，所以這種說法是最嚴重的錯覺。

聘請教練、訓練師和導師，應該是最重要的關鍵結果領域之一。除此之外，與擁有數十年經驗的專家建立人際網絡，也是生活槓桿的策略，可以建立長久且真實的捷徑，保存你的時間與努力，達成你的夢想。

善用專業人士的時間、專業與數千小時的經驗，發揮槓桿效應，讓你在一小段時間內就能和他們一樣成功。導師與教練可以節省你的時間，達到事半功倍的最大效果。

至於如何做到這個水準，更多的細節請參考下一章〈人際網絡與智囊團的槓桿效應〉。

⑥金錢

你可以為了金錢庸庸碌碌，也可以反過來利用金錢。你可以成為金錢的奴隸，或者讓金錢變成你的僕人。你可以用時間交換金錢，或者建立資產來創造非勞動收入，保存你的時間。

「有錢人」與「窮人」，「企業主」與「員工」對於金錢的想法、態度、策略與行為完全不同。

多數的窮人對金錢的想法是：

- 你必須努力工作才能賺錢。
- 賺錢很辛苦。
- 錢不會從樹上掉下來。
- 金錢是萬惡之本。
- 金錢買不到快樂，也不會讓你快樂。
- 資本主義與賺錢都代表貪婪。
- 我必須先繳交帳單，支付日常費用。

- 如果我想要賺錢或者做點改變，我的朋友會討厭我並且批評我。對於當事人來說，這些想法看起來都很真實。但實際上這些只是我們心理投射出來的錯覺。

每個人都有獨特的價值觀與信仰，來自於個人生活經驗、同儕、家庭關係（特別是父母親或幼年時期的照育者）、居住地的風氣、學校教育、宗教或更高層次的信仰、媒體影響等等。

我們相信眼見為憑，也認為眼前的現實世界是真的，但既然我們每個人都是獨特的個體，我們所看到的自然也是我們獨有的現實。因此，所有的現實都是一種錯覺，因為眼前的現實只有對我們自己來說才是真的。

但真正的「現實」卻是極其固定的，我們必須緊緊抓住真正的現實，特別是談到金錢的時候。如果地球上有人可以同時擁有財富以及健康的財富觀念，你當然也做得到。

因此，如果我們認知的現實都只是自己投射出來的單一錯覺，就必須想辦法認知到真正的現實情況（包括價值觀、信仰與態度等等），讓真正的現實觀念替我們發揮作用，賦予我們力量，讓我們追求願景，實現內心的最高價值。無論你喜不喜歡，但真相是缺乏金錢會阻礙我們在這方面的智慧發展，擁有富足的金錢則會顯著地加速我們的成長。

讓我們再來思考一次窮人的金錢觀念，並且提出有錢人的想法作為對照。

【×】你必須努力工作才能賺錢

你必須讓錢替你工作，投資可以創造非勞動收入的資產上。

【×】賺錢很辛苦

賺錢與創造財富其實是相對簡單的系統與過程，你絕對可以學會，但必須非常專注。

【×】錢不會從樹上掉下來

事實上，錢是紙做的，紙來自於樹，所以錢當然是從樹上「掉下來的」。金錢是相當豐碩的資源，而且每個地方的錢幾乎都是無限量供應。

【×】金錢是萬惡之本

金錢是諸善的起源。金錢可以幫助治癒疾病。金錢可以推動慈善活動。金錢可以買回時間。金錢解決了很多問題。

【×】金錢買不到快樂，也不會讓你快樂

事實上，金錢會讓你快樂。

【×】資本主義與賺錢都代表貪婪

資本主義讓人有機會爭取公平的生活，並且平衡地結合了自利與公共利益。賺錢創造了經濟體系、公共服務、就業機會、稅收以及對他人的福祉。

【×】我必須先繳交帳單，支付日常費用

我會先投資自己，再處理帳單與日常費用。

【×】如果我想要賺錢或者做點改變，我的朋友會討厭我並且批評我

改變是健康自然的行為，如果你不成長，生命就會結束。更多的財富會讓我變成更好的人。如果他們是真正的朋友，就會跟我一起成長。假如他們不是，也沒關係，隨他們去吧。

一旦你的金錢價值、觀念與態度產生轉變，能夠服務你的願景，讓你得到力量，而不是限制你，金錢就會開始成為你的助力。這個主題可以寫成一本書。事實上，我在下一本書就會討論到這個主題。但讓我們先回到重點。如果你已經欣然接納了更有服務性質也更能賦予能力的金錢觀念，你會發現金錢是一種服務工具，可以解決問題，協助你完成願景。

●生活槓桿金錢觀

生活槓桿是利用最大的收入創造與最少的時間交換，在公平交易的原則下，賺取應得的金錢。經營資產是唯一可以同時創造收入與資本，並且保存時間的方法。投資相關且必要的時間與資本，取得足以創造非勞動收入的資產之後，妥善進行安排，讓別人或相關系統進行管理，就能避免凡事親力親為。

我們會在後續的章節裡詳盡介紹你可以投資的資產，以下是簡單的列表：

- 商業（實體或電子商務皆可）
- 房地產
- 智慧財產（包括概念、專利、授權、資訊與音樂）
- 投資（股票、債券、出版品）
- 借貸
- 實體物品（貴重金屬、藝術作品、手錶、酒、經典汽車）
- 合作關係（獨家代理、聯合經營）

假如沒有以上任何一種資產替你創造收入，你仍然還在「為錢工作」的階段。你現在只是在花費時間，不是投資、或是利用槓桿效應保存時間。

以下是六種使用金錢的方法。如果依序發揮應有的槓桿效應，就能替你建立良好的財富格局。

等級一：花費（滿足需求）

初級的金錢使用方法就是滿足需求的花費。我們必須花錢滿足最基本的生活需要。但大多數人的開銷遠高過於實際需要，或者已經習慣某種生活方式，甚至對某些事情上癮，才會讓「我想要（但不需要）」，變成「我需要」。你需要的開支遠比你想像的更少。

「我想要」的開支是貧窮的原因。他們把錢花在折舊品與消耗品。這些東西會迅速貶值，也不會創造任何資本與收入。

「蘇格蘭寡婦」投資公司的調查報告指出，英國有九百萬人名下沒有任何儲蓄，占總人口數的15%。在這九百萬人當中，有20%只能仰賴每月薪資過活。根據另外一份更詳盡的報告，33%的英國居民名下存款低於五百英磅。只有12%的英國居民擁有五萬英磅以上的存款或投資（五萬英磅是已婚無子家庭兩年的基本開銷額度）。英國民眾的平均可支用薪資為三百四十三英磅，存款額為四千三百英磅。21%的美國人連儲蓄帳戶都沒有，62%的美國人存款低於一千美元。

有錢人與窮人最大的差距，在於**有錢人會把錢投資在可以創造非勞動收入的資產**。資產可以創造持續收入，有錢人再用持續收入購買折舊品與消耗品。有錢人保存了時間與資本，用投資的回饋金錢進行消費，還能讓資本繼續成長。

等級二：儲蓄

精通金錢管理的第一步就是儲蓄。聽起來很陳腔濫調，但卻相當實際。儲蓄是一種紀律，讓你為了更長遠的未來而留住金錢，不會因為短期的考量就輕易花費。儲蓄是財富的根本。儲蓄可以孕育美好的果實。你也會因為儲蓄而學會建立財富的基礎原則，例如享受長遠的喜悅、紀律以及金錢管理原則。

但是，如果沒有發揮複利法則的力量，儲蓄本身無法創造巨大的財富、實現公共服務並且完成願景。儲蓄的問題是所有的優點都會延後。這種特質無法配合《生活槓桿》哲學。我們必須先在這裡探討儲蓄的力量與限制，才能前進到等級三。

在我的社群網站上，馬修・華森（Matthew Watson）曾經發文描述自己的想法，原文轉載如下：

「羅伯，關於複利法則這件事情，如果我一個月想要存三百英磅，一年就是三千六百英磅，但銀行利息很低，複利法則又怎麼能帶來重大的改變呢？」

我的回答如下：

「馬修，沒錯，一年只有三千六百英磅。先讓我們假設年利率是2%，而且高於通貨膨脹。到了第一年結束的時候，你會有三千六百七十二英磅。第二年是七千四百一十四・四四英磅（年利息必須等到一年完整結束之後才會結算），第三年是一萬一千三百三十七・七八英磅，第四年是一萬五千一百三十五・五四英磅，第五年則是一萬九千零九・二三英磅。

第十五年結束的時候，總金額來到六萬三千五百零一英磅，但最後十五年的增加金額已經高達一萬三千八百英磅了。

如果年利率是3%，第五十年數字就會變成四萬三千八百五十八・五英磅

你一定發現了這當中的巨大差別。一方面，你清楚看見複利法則創造了如此可觀的能量，付出的時間越多，複利法則的能量就越是強大。另外一方面，你也發現了一開始的小額儲蓄很少，最後卻產生了相當可觀的差距。

可是複利法則需要經年累月的時間才能發揮力量。就算到了第五十年，每個月三百英磅的儲蓄加上3%的年利率，只不過讓你得到四十三萬八千五百八十五・五英磅而已。如果年利率是5%，同樣到了第五十年，這筆資本額每年提供給你作為生活費用的非勞動收入是兩萬一千九百英磅。

但五十年過去之後，這筆錢可能早就已經受到通貨膨脹的影響，價值大幅下跌。根據國家房屋市價資料，五十年前的英國房地產平均價格是三千四百六十五英磅。這個金額現在只能買一輛二手車。如果是這樣，五十年以後，這筆存款能夠買到什麼？也許只是一個星期的餐費或者基礎生活開銷而已？

因此，儲蓄雖然是追求更多財富與創造均衡生活的重要關鍵，但光靠這樣做還不夠。

等級三：投資

儲蓄的重要性大過於投資，因為投資會有風險。如果你投資失利，卻沒有任何積蓄保護你，你會一無所有。一旦你擁有最基本的儲蓄額度，例如六到十二月的生活費用，就可以開始把原本用來儲蓄的錢轉為投資用途。

剛開始投資的時候，你應該選擇風險與知識門檻較低的目標。相較於某些較不穩定與投機的選擇，倘若你對股票、房地產或特定的商業領域，具備一定程度的知識，可能是門檻最低的投資起點。

從經濟學的角度來說，投資是指「購買特定的商品，但不會當下消費，而是用於創造未來的財富」。從金融財經的角度來說，投資則是「購買特定的金融資產，認為該資產會在未來提供收入或增值，並且能夠以更高的價格賣出」。

等級四：投機

許多投機的人以為自己在投資。投機是高風險的投資行為，但潛在的獲利空間更大。如果你將投機的優先性放在投資之前，例如，投資在一無所知的新興企業，可能會同時損失投資金額與儲蓄。除非你已經具備投資的知識與技能，減低投資風險，防範潛在的投機損失，並且多角進行投資，否則不要貿然從投資轉向投機。

以下的行為可能是投機：投資自己不太熟悉而且非常不穩定，甚至沒有太多成功前例的領域，例如科技業；具備專業知識才會取得利基的領域，例如錶、酒與藝術品；某些純屬孤注一擲的投機行為，但你說服自己相信是投資。

等級五：保險

這是一個很好的主題。擁有財富之後，這個世界就會想從你身上得到一點東西，讓你理解什麼叫做成長。如果你已經擁有一定程度的財富，必須開始竭盡所能確保自己能免於承受損失或攻擊。藉由多角經營、節稅與各種防範措施，讓自己的財富獲得保障。

財富增加之後，稅金也會跟著提高。你開始擁有越來越多的物質，保養維護的成本也會水漲船高，遭竊或受損的風險同樣如此。一旦你有錢，更多人與慈善機構就會期待你的樂捐。

你可以藉由多元投資和防範風險、竊盜、損害與調查等方式，確保自己的財富安全。錢不露白，保護財富變得比賺錢重要。

等級六：給予

一旦完成了前面五個等級的金錢使用，就可以開始分享出去了。你可以持續捐出特定比例的所得作為回饋，也能夠在對你來說很重要，又能夠做出改變的領域，付出你的時間與經驗。前面五個等級的財富成長，能夠讓你得到充分的時間進行回饋。

窮人的錯誤金錢觀念，經常讓他們容易在過早的階段就開始做出過多的給予。因為他們對於金錢仍然抱持著罪惡、恐懼與羞愧的態度。另外一些人則是從來不願回饋社會，非常自我中心，但這個社會始終會找到平衡的方法，從他們身上拿回一些東西。

你的金錢觀念等級越高，你的知識就會比「金錢」與「賺錢」更有價值。你會培養出洞察力與經驗，開始從事「無本」投資，例如別人會把錢投資在你身上，或者與你建立合資關係，希望用他們的錢，購買你的時間與經驗。

觀念與資訊

二十一世紀的重要創舉之一，是資訊變成了貨幣。資訊價值的提升雖然無形，而難以衡量實際價值，但卻早已成為交易、商業與槓桿法則的重要機制。資訊升值的過程，在近代的三個「時代」中加速發展——從工業時代到資訊時代，再從資訊時代到當前的科技時代。

工業時代、資訊時代與科技時代

工業時代早於資訊時代。工業時代的歷史涵蓋了經濟與社會組織的轉變，從大約一七六〇年的英國開始，一路延伸影響其他國家，主要重點是紡織機與蒸汽機等動力機械取代了手工勞力，以及大規模廠房設備的工業集中化。

在工業時代，機械大幅取代人力。欣然採用機械動力並且擁有工廠生產線的人，例如亨利・福特，成為了當時全球最有權勢與財富的人，也是最大的企業主。這些人的成功創造了淘金與開採石油般的熱潮。無法學習、善用自動化機械並且發揮槓桿效益的人，則被時代拋在後方。他們的價值與謀生能力也因而減損。

工業時代之後是資訊時代。資訊時代大約始於一九七五年，特色是大規模的資訊已經能夠做到幾乎即時的匯集和傳遞，以及資訊產業的興起。

在資訊時代，受惠於電腦科技，許多人能廣泛觸及大量資訊，往昔的工業化產業，也因而轉向了以電腦化資訊為主的經濟體系。

正如工業革命標示出工業時代的起源，數位革命也成為了資訊時代的濫觴。在工業時代，如果工人原先的例行工作被自動化機械取代，就必須去找一份著重純手工勞力的職缺，但隨著科技發展成果倍增，這樣的工作也會越來越少。在工業時代被機械取代的工人，在資訊科技時代也會被電腦取代。

資訊時代同樣影響了勞動市場，自動化與電腦化作業雖然提高了生產力，但也造成工作機會減少。舉例來說，從一九七二年一月到二〇一三年八月，美國的製造業員工從一千七百五十萬人減少到一千一百五十萬人，但產業總體利潤卻提高了百分之二百七十。我們所處的科技時代，這種情況變得益發極端，除了持續影響製造業之外，也讓科技創業與發展變得更加容易。

勞方現在也被迫在全球就業市場裡競爭，導致職場競爭變得非常激烈。在資訊與科技時代裡，傳統的勞動階級工作，例如生產線工人、資料處理人員、領班與督導等，也因為外包與自動化作業，導致其重要性與需要程度大幅減少。

因為資訊時代的發展而失去工作機會的人有兩種選擇。第一，往前邁進，加入「知識勞力」集團，成為工程師、醫生、律師、老師、科學家、教授、經理、記者或顧問。第二，尋找專業密度低、薪資也較差的服務工作。大多數的人選擇第二條路。同樣的，在科技時代失業的人也只有兩種極端的選擇。第一，徹底顛覆，開創自己的事業，利用科技來發揮槓桿效應、外包工作並且得到成長。第二，尋找高技術密度但薪資不佳的工作，或者屈就於低技術密度而待遇也不好的工作。

工業時代與資訊時代相隔二一五年。但從資訊時代走到科技時代，卻只花了四十一年。這是很了不起的事情。冰河時代可是持續了九千五百年。

時代改變與其衝撞會產生疊加效果。欣然接納改變的人得到相當的優勢，但因而落後的人則被拋得越來越遠，複利法則也會發揮更大的效應。

資訊市場

資訊時代最重要的特色與價值在於速度。你越是能夠快速得到、消化並且分享資訊，你的價值就越高。人類越來越擅長讓資訊流動的速度發揮槓桿效應。幾個世紀以前，資訊流通的速度等於馬匹的移動速度。隨著時間發展，全球資訊的流動速度取決於船隻航行的速度，地區資訊的流動仰賴於火車，地方的資訊流動則靠汽車。到最後，全球資訊的流通終於和飛機一樣快。在這段發展過程期間，摩斯密碼與無線電曾經扮演迅速傳遞資訊的角色。飛機變得更快，而資訊流通的速度也比每秒三四三・二公尺的音速還要快了。

時至今日，資訊的移動速度可以與微波速度並駕齊驅，光纖網路的速度則是每秒十八萬六千英里。這種發展徹底改變了局勢，資訊變成了貨幣，甚至是財物。

人類的學習速度變得更快了。你可以在家裡或世上任何角落，向任何人學習任何類型的知識。你甚至可以自學。google用非常便利而且存取快速的檔案歸類系統，替你把將近全球所有資訊都整理得非常順手，可以減少時間支出，發揮最大的槓桿效應。

你可以立刻上網學習任何語言，向你喜歡的音樂家拜師學藝，從體育明星身上學習該項運動，根據名人穿搭來打理你的衣著風格，或者在社群網站上聯繫他們。你能夠用光速存取各種資訊，藉由相當便利的方式，例如錄音檔、影片、文章和電子書從事學習。就算在忙碌的生活裡，你還是可以品嚐資訊的甜美果實，像是閱讀一篇部落格文章、花三十分鐘聆聽錄音，或者閱讀推特（twitter）和Instagram。

光速傳遞的觀念和資訊讓你學習各種知識，但過去的人必須花費數十年才能精通這些知識。你的價值與服務能力都會隨之提升。你可以同時得到最大的槓桿效果與時間保存，並且減少時間浪費與成本支出。

資訊創造的最強貨幣也許就是資訊本身。資訊已經成為全球最大的創新成長市場之一。

全球大約98%的資訊已經數位化。在數位世界的一分鐘，全球一共送出二億四百萬封電子郵件、下載四萬七千個應用程式、完成價值五萬七千英磅的交易、下載的音效檔案總長度為六一一四一小時、上傳三千張照片、瀏覽兩千萬張照片、發表十萬篇新聞推特、推出十篇新的維基百科條目、瀏覽臉書六百萬次、谷歌搜尋兩百萬次、上傳影片總長度為三十個小時、收看一百三十萬部影片。

資訊市場——將「資訊」當成販售商品——的全球價值超過一千億美金，相較於去年，成長了32.7%。

全球共有四十億人口使用電子郵件、79%人口使用社群網站、61%閱讀電子報、51%人口閱讀部落格、42%參加網路研討會、16%收聽網路播客節目。

現在讓我們看看傳統印刷媒體的相關數據，只有39%的人讀雜誌、25%的人看報紙、44%的印刷品郵件不曾拆封、86%的人跳過電視廣告不看、資訊交易比傳統交易多出54%、四分之三的商業決策者傾向用一系列的短文章來吸收資訊而不是一份巨大的廣告單據。

在知識與科技勞力時代，傳統勞工的價值變低，被自動化系統、機械與科技取代，資訊價值也隨之提升。資訊的移動速度和廣泛觸角，能在一秒內觸及幾億人，使其成為新的財物，資訊銷售也變得更容易。你可以販賣觀念、知識和經驗。

你可以賣出自己創作的音樂，甚至是你的網路言論與推特。你能在社群網站上販賣這些資訊。社群網站是免費的，可以在一秒內接觸幾億人。設立網路品牌或商店幾乎沒有成本，還能使用Paypal等平臺進行款項交易，只要有網路訊號，你的企業隨時都在營運。

資訊市場的風險非常低，無須擔心存貨與日常支出。在家就能做生意，不需事前準備，也不必擔心店面房租，你可以在全球任何角落，用休閒時間經營，還能坐擁全球潛在的客戶群。

除此之外，你能夠販售相似或完全相同的低成本資訊好幾百萬次，因為「下載資訊」不會有庫存問題。你可以重新包裝之後，再把資訊放到網路銷售、出版實體書、CD、DVD、有聲書、電子書、iTune、Audible、iBook、iTune大學版、付費閱讀平臺、付費研討會、成長課程教材、或者提供免費閱讀服務。

推廣「生活槓桿」哲學就是經營資訊市場的好例子。我寫下這本書，完成之後可以持續賣出。完成品會在未來好幾年的時間裡，持續創造非勞動收入。你的觀念也可能一夕竄紅，讓許多社群網站的重度使用者不停分享，也成為經銷商的寵兒。經營資訊與觀念市場可能是最符合槓桿法則的時間投資，獲利空間最高，而時間浪費最低。在資訊市場中，你不需要浪費時間進行例行工作，而你創造的每種資訊，只要有效利用槓桿法則，全都是貨真價實的資產。

你有獨特的天賦、技巧和能力。至少在某個領域，你一定比地球上絕大多數的人還要優秀。別人在這個領域經歷的痛苦，你可以迅速地藉由各種管道與媒介處理完畢。

因此，你可以服務很多人，解決他們的問題，只是你還不知道自己的能力，或者尚未認清自己的珍貴價值。但現在一切都不同了。人人手上都有一本書，都可以追求知識。你應該立刻尋找自己需要的知識，用你獨特的才華，服務更多人，得到優渥的（非勞動）收入。

工作與事業

生活槓桿哲學盡可能結合熱情與專業、工作與假期。你越努力打造雙重人生，工作的時候希望自己可以回家，待在家裡的時候又迫不及待想回去工作，反而更不滿足，疏離真實的生活。大多數的人為餬口而工作，但成就非凡、改變世界的人，卻都是在追求生活。

無論你的事業剛起步，或者已經快要退休，隨時都應該問自己：「這個事業或職涯，真的是我想要的嗎？」

如果答案是肯定的，你就可以忍耐，甚至享受挑戰與犧牲，因為這場旅程值得，也會實現你的願景。大衛・李伯曼曾說，幸福「是實現珍貴目標的前進過程」。前進的腳步有快有慢，有時甚至像是原地不動。但只要願景清澈，永遠都能邁向珍貴目標。

根據care2.com網站資料顯示，在〈十件令人不快樂的常見事情〉中，排行第一的就是「我恨自己的工作」。

此外，根據許多調查與研究報告，職涯發展也會造成許多挫折。我提出了五個步驟，讓您可以確保關鍵結果領域的優先運作：

①你選對了職業志向

選對了職業志向，你的內心會非常清楚。如果你的答案是肯定的，恭喜你，你是亮眼的珍珠。堅持你的方向，創造一些改變吧。容我在此向你致意。但假如答案不是肯定的，現在就要制訂新的計畫，或者立刻進行改變。你有兩個方法。

第一，立刻著手進行多年前就該開始做的事情，並且改變自己的生活。

第二，制訂精確的時間計畫，從頭到尾對自己負責，著手改變職業志向，窮盡一切努力來完成目標。不要替自己找藉口，不要讓自己鬆懈，不要害怕短期的收入損失、困苦生活，或者擔心自己必須學習新的專業技巧。你擁有的資源超過你的想像，生活不能重來，現在就開始改變！

②你在這個職業志向裡做了對的事情

就算選對職業志向，但做錯事情，仍然無法實現生活槓桿哲學。請依循本書提出的VVKIK方法，讓自己重回正軌，扮演正確的角色，替你本人與你的願景帶來最重大的轉變。VVKIK也是善用時間與技能的最佳方法。

讓自己遠離所有繁瑣的例行工作。提出要求，希望自己可以轉到其他部門。重新擬定你的關鍵結果領域與創造收入工作。

③你可以在情況允許時，結合熱情與專業

家庭生活與工作生活如果完全分開，你的生活會變得極端。工作的時候，你想待在家裡，在家的時候卻又想著工作，既無法享受工作與家庭，也不能體會當下的

美好。等到你七十五歲，就會開始懊悔自己的人生究竟去了哪裡。我們會在下一章提出一些策略，幫助你結合熱情與專業。

④你身邊有對的人

聘請合適的教練與啟蒙導師，對你的成長來說非常重要。在職場上，重要的是身邊要有值得尊重與可以效法的偉大人物。你必須確定老闆很有能力，能夠教導你、支持你並且幫助你成長。你的工作團隊也應該具備多元能力，如此一來，儘管你在某些技能略顯不足，也能委任同僚處理，發揮槓桿效應。你不需要喜歡職場上的所有人，但你必須尊重他們的專業技巧，知道他們可以幫助你追求心中的願景。

⑤你會定期檢驗以上四個條件

每年的六月與十二月，替自己好好找些時間，獨自或與家人一起評估以上四個條件。這麼做是為了確保你朝著正確的方向前進，沒有偏離軌道，或者被任何人事物拉扯，導致你的方向不是追求願景。如果你能半年檢驗一次，最糟糕的情況頂多是發現一些小錯誤，稍微偏離軌道而已。

如果十年才做一次檢驗，你可能已經走得太遠，想要回到正軌，必須花許多時間。現在立刻在行事曆上標記檢驗的日期，命名為「與願景有約」，設定成無限循環，標記「請勿移除」。

保持學習心態，你就能持續學習。你的知識越多，就會成長的越好。

家庭生活與家人

工作太多，會讓你無法在家休息。在家休息的時間太長，將導致你的收入不足與職涯停滯。無論犧牲家庭或工作，均會導致內在衝突，並且對被犧牲的一方感到悔恨，有時甚至會兩頭空。但為什麼家庭與工作會如此針鋒相對、壁壘分明呢？

不要犧牲，也不要企圖追求「平衡」，因為你幾乎不可能達成平衡。鐘擺永遠都在兩極中擺盪，而平衡就像中央位置，但鐘擺不會停留在正中央。因此，如果勉強想在家庭與工作中取得持續的平衡狀態，最好的結果也只是認知這個任務有多麼艱難，最差的結果則是徒勞無功。生活槓桿的「工作與生活平衡」之道是同時經營兩者，如此一來，你就不必辛苦追求平衡或犧牲。

我不是建議你抱小孩的時候收電子郵件。我試過了，最後一定會不小心摔了手機或小孩。我建議你可以與家人一起度假，在早上進行商務會議，讓你的孩子待在「孩童之島」（Kidszania）（譯註：「孩童之島」是孩童主題館，讓四到十二歲的小孩能夠體驗成人在現實生活裡的職業活動，並且尋找自己的未來志向。）主題館。如果你參加在國外舉行的演講活動，也可以帶家人一起順道旅遊。你的專長如果有助於家人的生活，帶著他們，讓他們從你身上學習。讓小孩就讀好的學校，尋找與其他家長的商業合作機會，或者共同發起募資活動。帶小孩參加他們的派對，趁著空檔替自己的書多寫一章（我昨天就這麼做了。巴比在打保齡球的時候，我寫了一章，同時收到其他房地產投資人的派對邀請）。如果你打算參加課程、訓練或會議，帶著家人一起出遊，不要遠離他們。

多與其他企業主和富人共進晚餐，從他們身上學習。用夜生活建立良好的人際網絡。找機會與百萬富豪打高爾夫球。養成鍛鍊身體的習慣，參加最好的俱樂部與健身房，讓你有機會認識傑出人士。外出旅遊時，留心注意當地的房地產市場。出國時注意當地是否正在舉行研討會。

把午餐的時間留給家人。不要把自己的生活局限在一個國家，你可以在英國過夏天，冬天時住在杜拜、西班牙特內里費島或美國佛羅里達，並且配合小孩的寒暑假作息。

剛開始適應新的職業時，一般人會掙扎於工作與生活的平衡。如果現在的你正是如此，忙得不可開支，請與生命中的重要他人一起坐下來，討論休假時間的計畫，安排行程，寫在行事曆上，例如放假、晚上約會、家庭時間等等。如果你在行事曆裡安排了不可變動的事項，其他的事情會自然而然地找到自己的時間與位置。如果你不堅持，很多事情就會被延誤，也沒有任何轉圜餘地。你越是能夠在行事曆裡事先安排，所有的工作、事務與旅遊計畫就越是可以照你的心意發展，你也能夠兼顧兩者，做出最少程度的犧牲。

我個人討厭假日，但我可愛的琴瑪非常不喜歡我對假日的厭惡。每隔五年，我才會心不甘情不願地和她去旅遊，心裡覺得這只是浪費時間，因為我什麼事情都沒做。琴瑪在沙灘上享受日光浴，我也只好整天坐在旁邊繼續工作。

到了現在，我們會在情況允許的時候，結合家庭假期與工作行程，地點從摩納哥、開曼、佛羅里達到杜拜，於是我們的工作與家庭生活、專業與熱情、職業與假期終於不再衝突了。琴瑪得以放鬆，享受好幾天的假期。我們也會帶著小孩，讓他們參與我的工作生活，我也不會在家庭中缺席。我跟家人可以一起照料工作與家庭生活，滿足所有人的需要。

我在佛羅里達進行免費的公開演講。空閒的時間，我跟兒子巴比一起打高爾夫。我在開曼經營大師成長班，全家人也因而享受美好的開曼之旅。琴瑪參與了管理課程，能夠偶爾遠離照顧小孩的責任，得到獨立自主並且富有自我價值的時間。每年我們都會到摩納哥欣賞Ｆ１賽事，在那裡與許多好朋友共度愉快的時光，其中有些人是讀者心中的名人。我們的人際網路拓展了，全家人都過得開心。

你也可以用同樣的生活槓桿哲學來消除工作與休閒之間的界線。藉由結合公務旅行與假期、工作與休閒，我與琴瑪能同時滿足需求並且追求價值。地球上的每個人都有不同的價值，想要讓全家人快樂絕非易事。與家人相處的絕對法則是學習彼此的價值。問問你的伴侶與孩子：「什麼是你生命中最重要的事情？」不要只問一次，也不需假定他們最重要的事情與你有關。得到答案之後，你心裡會有一張藍圖，知道如何愛他們、服務他們、與他們一起生活，並且在追求自己最重要的目標時，發揮你的影響力。你會了解自己深愛的家人，大多數人都做不到這件事。你也能替家人建立一種好生活，同時滿足所有成員的需要與價值。這是我跟琴瑪結合公務旅行與假期之後的美好成果：全家人都滿足了自己的價值。

請你務必知道身邊的人想要追求什麼價值，不只是你的家人而已，還包括你的商業伙伴、好友、老闆、經理和主要下屬，以及任何重要的人，能夠緊密協助你追求願景的人，或者在你生活裡舉足輕重的人。

真正的雙贏永續關係，建立在雙方都能實現個人價值。讓你的家人與伴侶參與你的事業規畫，一起制訂目標與願景。每年都跟家庭成員共同討論家庭願景，讓每個成員都可以做出貢獻，一起追求家庭價值與願景。從小就替孩子設定目標，他們就會開始追求珍貴的目標，感受成功的喜悅，學習到珍貴的技能，讓他們未來的生活過得更平順。容我再提醒一次，這一切都可以在工作度假時完成。

不要區分工作與生活，找出越多的方法，組織自己的時間，結合熱情與專業、工作與假期，你的事業發展會更好，留下更棒的傳承，也可以與妻子、小孩建立更美好的關係。

社交生活與嗜好

你可以採用結合家庭與事業生活的方法，結合你的社交生活與嗜好。在社交生活裡使用生活槓桿哲學。如果你沒有太多嗜好，或者根本沒有嗜好，那就從現在開始培養一個嗜好，可以讓你遇到對自己有幫助的人，拓展你的人際網絡。

在能力範圍允許的情況下，加入最好的俱樂部。你可以在健身房安排會議，或者在工作場所打造健身空間，踩健身車的時候可以打電話，但記得要讓對方知道你在健身，否則聽起來會很奇怪！如果遇到潛在的合作對象，安排一場晚餐，同時達到社交與事業推展的目的。

如果你想購物或看場電影，把時間安排在當天晚上的活動或研討會之前，這樣可以用一次外出的時間滿足兩種目的。不要看沒營養的電視節目，選擇有教育意義與啟發性質的紀錄片。不要讀粗糙的小說，選擇對你有幫助的自我成長書籍。只有對自己的事業有幫助時才使用社群網站。結交值得效法的朋友。

摘要

現在請你重新讀一次上面的內容。這些內容很短，但非常重要。不要再犧牲社交時間，用生活槓桿結合社交與事業，才能得到更完整的人生。

14 善用人際網絡與智囊團

為了變得有錢，很多人付出太多，以為做更多例行工作，就可以提前享受清閒的退休生活，這種想法大錯特錯。

如果你仔細研究社會普遍認定的成功人士，就會發現多數的成功人士都是夢想家與謀略家。每個成功人士身邊肯定都有卓越人物，無一例外。可能是成功人物的妻子、企業員工、運動明星的隊友、導師、教練或顧問、經紀人、會計師、稅務顧問、聖人、啟蒙靈感的繆思或精神治療家。

人際網絡是你的淨資產。你與伙伴的關係，決定了槓桿效益可以獲得的財富。最重要的成功因子之一，就是你與伙伴之間的長期關係，加上你建立的信任感，藉此創造良好的意念，再從你的人際基礎中發揮槓桿效應，讓他們替你盡一份心力，並且與你的願景和諧並進。你替自己的人際網絡帶來越多商機，替他們創造越多就業機會或合約，讓他們賺到更多錢，你也會賺到更多錢。

房地產是我個人的企業與熱情所在。光是購買與管理房地產，就必須想辦法讓以下的人發揮良好的槓桿效應：掮客、運輸業者、商業推銷人員、銀行、私人貸款、合資伙伴、商業貸款銀行、經紀人、建商、租屋仲介、房地產經紀人、裝修團隊、商業顧問、百萬與千萬富翁、稅務專家、會計師、商業合作伙伴、員工、專業顧問（行銷、公共關係、銷售、設計、科技）與其他相關人員。

你不是無所不知，也不能一個人解決所有問題。生活槓桿哲學的重點在於建立最棒的人際網絡，讓你在追求最佳結果的同時，阻礙可以變得更少、更輕鬆。很多人都有成功的經驗。他們經歷過所有的問題與苦痛，也解決了一切，讓自己更上層樓。如果你夠聰明，就會知道要善用槓桿效應。無論是「我想邊做邊學」或「我想節省上課學習或聘請導師的費用」作為理由，讓自己單打獨鬥經歷一切，都不是明智的選擇。

身為藝術家的時候，我身無分文，而且悶悶不樂，但內心卻仍渴望著開疆拓土。我從來沒有參觀藝廊，或者好好端詳其他人的作品，因為我想成為獨一無二的藝術家。當時的我真的很愚蠢。我們無時無刻都會受到別人的影響，但其實這樣沒什麼不對。其實這種影響就叫作「啟發」。

音樂家被自己喜愛的音樂家啟發，高球職業排名第一的羅伊・麥克羅伊也是受到老虎伍茲的啟發，喜劇家聆聽其他喜劇家的單口相聲時放聲大笑，因為他們也受到了啟發。我當時卻不這麼想，我想要成為獨一無二的人。我討厭現代藝術與裝置藝術，我覺得那是笑話。達米恩・赫斯特切割屍體，翠西・艾敏的「未竟之床」，對我來說都很愚蠢。但是他們名利雙收，而我窮酸刻苦。

假如可以從「窮酸刻苦與傳統藝術」以及「名利雙收與現代藝術」之間再選一次，我已經知道自己的答案了。艾敏得到了大英帝國勳章殊榮，而我只是無名小卒。根據報導，赫斯特的藝術身價介於兩億四千萬英磅至七十億英磅之間，而我三年來的稅前盈餘只有十四便士。赫斯特賣了一千三百六十五幅班點畫（這是他的公司發揮槓桿效應之後的成果），而我有一半的畫賣不掉，只能掛在家裡。赫斯特與艾敏的作品服務了更多人。我本來可以，也應該效法他們以及許多與他們相似的藝術家，還有更早的藝術家。

你的關鍵結果領域是什麼？

你最重要的關鍵結果領域之一，應該是打造並且持續投資在人際網絡、智囊團、優秀的同儕、教練、導師與專家人員。你的創造收入工作應該集中在智囊團建立起的人際網絡裡。生活槓桿就是「讓別人來做」：

- 讓更擅長的人來做；
- 讓最優秀的人來做；
- 讓經歷過錯誤的人來幫助你；
- 接受別人的指引、支持與鼓勵（雖然有時候很刺耳）。

你只需要坐等利潤就行了。最少要把三分之一的工作，交給你的工作網絡。

以下是善用別人的知識與經驗來發揮槓桿效應的五種方法。我建議你必須全部做到：

①建立人際網絡

這件事情並沒有難如登天，所以我不會擺出高姿態來說教。但是，你願不願意多出去走走，認識更多聰明人？你當然願意。你可不可以變得更具策略性，精心挑選並且參與成功富裕人士的社交活動？你當然可以。慈善舞會、天使投資人餐會、飛行俱樂部、高檔健身房、高爾夫球會、扶輪社、遊艇俱樂部、遊艇展、商業與房地產博覽會、倫敦市中心的房地產或商業界社交活動等等。到處都是機會，你可以結識許多成功的富裕人士。

「聰明人心中的祕密，就是他們認識更多聰明人。」——羅伯・摩爾

你的人際網絡有多寬廣，你的金融能力與無形的資產就會有多深厚。每個人都是白手起家，想要賺錢，你的錢必須開始流動在不同的人手上。你的銀行戶頭有多少錢不重要，更重要的是，你的人際網絡能夠創造多少錢。你與人際網絡之間的關係也會符合公平交易機制。如果你的人際網絡寬闊且富裕，你也與其建立了互相信任的關係，就能夠得到公平交易的機會，金錢也會滾滾而來。

②接受正向的同儕壓力

同儕壓力通常被視為其他人給的負面影響，會讓我們沮喪。但同儕壓力也能發揮正面效益。如果別人影響你，給你壓力，希望你迎接更高層次的挑戰、成長與問題，你應該接納這種壓力。追求偉大與財富的時候，可能會讓你覺得不自在，因為你必須離開舒適圈，但在人際關係裡最舒適的人，通常就是最貧困的人。

追求財富與成功時的不為人知祕訣之一，就是正向的同儕壓力，或許這也是最快的捷徑，更是「生活槓桿」哲學的行動方針，絕非騙局。你會被迫應戰，經由合作，追求更高層次的成功，而迎接挑戰也是邁向成功的必經之道。

③尋找楷模

應用策略來尋找生活風格與你契合的人，請他們喝一杯、吃頓晚餐、訪問、徹底分析，甚至不斷關注他們。分析他們的習性、習慣與行為。融入他們已經建立槓桿效應的人際網絡，藉此發揮雙重槓桿。你崇拜的楷模人物，將成為你的同伴、朋友與商業伙伴。

如果你想學習特定領域的知識，請教該領域最睿智的人，請他提供一些建議與情報。每當經濟市場發生可能會影響房地產的重大改變時，我就會請我的商業合夥人馬克・荷馬進行研究與分析。他是一位財經專家，也是暢銷書《低成本的高品質生活》的作者。我想知道馬克的想法、意見與預測。假如這次的經濟改變看起來有挑戰性，我甚至會讓他負責處理，用生活槓桿的方式外包各種困難的問題。

④指導

我認識的每一位成功運動家與企業家，全都有（不只一位）教練與導師。無論你遇到什麼問題，只要用心尋找，四處都是答案。你想做的事情，也早就有人比你更先完成了。你不只可以從自己的專業領域學習，還可涉獵不同的領域，對你也有幫助。你可以支薪聘請個人教練和成功的商業人士擔任顧問和導師，在同儕團體中得到免費的建議，也能夠研究、閱讀成功人士與企業的發展經驗。

在過去十年來，我養成最有價值的經驗之一，就是閱讀名人自傳與傳記作品。從各大企業、運動明星與各領域領導者的相關作品中，你會讀到偉大的想法，理解他們的精神特質、行為、生活訣竅、洞察力與策略。你能夠藉此傾聽卓越人物在說什麼，例如賈伯斯自傳中，他在辭世前與比爾・蓋茲的談話內容。阿諾也在自傳

《魔鬼總動員》的最後提供了經營生活與追求成功的頂尖訣竅。讀傳記作品的感覺，就像坐在充滿卓越人士的公司裡，持續學習成功的祕訣。能夠面對面學習他們的經驗與洞見當然更好，你持續追求的關鍵結果領域之一，也應該是持續尋找卓越的人物成為你的同伴與導師。用他們一生的經驗，讓你能夠在更短的時間之內，以更少的浪費，創造最大的槓桿效應，這可以說是最輕鬆的方法之一。這種做法大幅改變了我的生命，讓我的生活變得更好，但我以前根本不知道。倘若我在十八歲的時候就能弄清楚，肯定會是個狠角色！

⑤與智囊團一起集思廣益

智囊團就是指一群「充滿智慧的腦袋」聚在一起，組合他們獨特且令人激賞的技巧來幫助另外一個人，發揮一加一大於二的效果。

我參與許多智囊團，有時是成員，有時是導師，我認為所有企業都必須仰賴智囊團才能順利運作。把傑出人士湊在一起，讓他們構思解決問題的方法，你可以得到最棒的洞悉、益處與戰略方向。某位「圓桌會議」的成員可能知道如何應對挑戰，或者熟悉另外一種思考方式，甚至知道誰能夠幫得上忙。如果你連問題出在哪裡都不知道，當然找不出答案。因此，無論智囊團成員的專業領域是否與你一致，只要參與討論，你都可以享受一場知識旅途，還能借鏡他山之石，替自己創造嶄新的利基。除此之外，身為智能團的導師或成員都一樣收穫豐碩。

為了追求個人和企業發展，並且促進社群成員的進步，我們每年都會一起制訂重大目標，同時以導師與同儕的身分參與智囊團的運作。發展房地產經營全英國最大、最私人化的智囊團——即「發展房地產一年貴賓計畫」，為客戶建立私人用的人際網絡，負責指導、支持與課責。除此之外，「開曼傳承」智囊團的成員共有五位百萬富翁，負責協助八到十位高階投資人規畫全國或全球性的願景，決策成果的金額通常涉及六到八位數英磅。

我們以成員身分參與另外兩個智囊團，其中一個由本地社群創立，讓企業主聚在一起，共同集思廣益，協助解決彼此面臨的挑戰。第二個智囊團稱為「聯合會」，由另一位朋友所創立，邀集了一群百萬富翁，每季聚在一起，幫助解決彼此的高難度商業挑戰。他們是最重要的高階人際網絡，能夠創造改變，影響彼此的願景、激勵、商業成效和興建房地產王國的希望。

我在智囊團當導師、成員時認識了另外一些人，全都成為好友與合作伙伴，而且只要分享一點點小觀念與改變，可能就會賺得幾百萬英磅，創造更大的不同。智囊團裡若有導師，可以加速此過程。導師走過你要的路，也完成了你想追求的目標，現在還在繼續前進。導師可以指導你走阻礙最少的道路。如果沒有求助於導師，我手上可能還會卡著幾個房地產賣不出去，生意規模更小，體驗更緩慢艱辛的旅途。一開始我的手頭並不寬裕，只能尋找免費的建議，直到其中一位導師告訴我：天下沒有白吃的午餐。

如果你沒有足夠的預算聘請最高級的導師，至少也要在情況允許下聘請水準更好的導師，一分錢一分貨。聘請偉大的導師是最棒的投資之一，而無知會讓你付出昂貴的代價。

人際關係、智囊、導師與延伸的人際網絡，全是生活槓桿的最高型態，重要程度甚至超過金錢，可以協助我們完成目標、願景、賺錢並且創造長久的不同。

摘要

你的人際網路代表你的身價。

你建立的人際關係可以帶來持續成長的佳績。

在你的專業領域裡，你不可能樣樣精通，必須盡可能發揮槓桿效應，讓更擅長的人來做。尋找你想效法與學習的模範楷模。

聘請導師和楷模可以加速你的進步。謹慎選擇智囊團成員，結交經驗更豐富的企業家，他們可以協助你快速學習。智囊團是一種重要的指標，幫助你解決問題與負起責任。聰明人心中的祕密，就是他們認識更多的聰明人。

15 生活槓桿的領導與管理哲學

領導

領導與管理截然不同，但彼此輝映。過度管理使你無法領導，但若沒有良好的管理團隊與系統，則領導與管理都會彼此失據。領導與管理相輔相成，彷彿手心與手臂、陰與陽等，兩者密不可分。

「生活槓桿」認為管理是「社群激勵與影響的過程」。團結成員，讓彼此發揮最大潛力，共同達成珍貴的目標。

領導者制訂方向，建構鼓舞人心的願景，創造嶄新而有價值的事物，讓人相信自己正在追求願景與價值。創造者打造最佳團隊，率領他們實現願景。

領導是全世界最輕鬆的苦差事，倘若必須找出一份「工作」或職業來替「生活槓桿」哲學做出最佳詮釋，領導必然雀屏中選。好消息是，你可以成為任何熱門商機與職業領域的領導者。然而，領導者雖然負責制訂方向，但仍要施展基礎管理技巧，聘請傑出的管理人，發揮槓桿效應，迅速而有效地將成員帶往正確目標。

生活槓桿的領導哲學

想要成為偉大的領導者，做到事半功倍，並且創造理想的生活，你必須精進生活槓桿的80／20哲學。讓我們仔細看看細節吧。

①願景

把你的願景分配到不同的專案團隊，讓成員理解你的願景如何協助他們實現個人的價值與目標。替專案計畫設定明確而踏實的成果與目標，逐步實現願景。

②打造團隊

領導人必須打造出條件允許的最佳團隊。你能否得到最好的結果與時間節省就端看於此。賈伯斯非常善於把人才帶進蘋果的關鍵舞臺，當然，他也因為剔除成員而惡名昭彰，例如招攬百事可樂的總經理，以及推動上下游供應鏈的合作計畫。職業足球隊的總經理被延攬時，也會將助理、物理治療師與統計專家等專業人員，帶到新的球隊。

無論你多麼傑出，始終必須仰賴團隊，唯有傑出的團隊才能讓你發揮槓桿效應。市面上有太多書籍崇尚躺在沙灘上的生活，一邊享受雞尾酒，一邊用手提電腦工作，彷彿不需要團隊的協助。實際上，那是懶惰而不切實際的理想主義者提出的幻想，以為不用工作，不思考價值信念，不對任何人負責，仍然能夠日進斗金。沒有人可以獨自創造非凡成功、服務眾人，並且創造改變。

有一次，在本地一家咖啡館，我安靜地享受咖啡，一位女士認出我之後，詢問發展房地產現在有多少員工。她還記得一開始只有我跟合夥人而已。當時發展房地產大約有四十位工作人員，她聽到數字之後非常驚訝。「四十個人？人數這麼多，壓力這麼大，你晚上怎麼睡得好？」

「可能是因為我有四十個工作伙伴幫忙吧！」我困惑地說。

對她來說，員工人數是問題、日常支出，以及時時刻刻扮演保母的監督責任。這也讓我想起，父親在當房東的艱困歲月時透露的想法：「孩子，做生意有兩個最糟的東西，那就是員工與客戶！」

多數自立門戶工作的人，都有如此憤世嫉俗的想法。創業時總是懷抱理想，對現實的認知也過於天真。但天真是好事，否則不會有創業的衝動。成為創業家之後，必須提升能力與視野。創業之初，為了降低成本，我們凡事親力親為，希望早日上軌道。但水能載舟，亦能覆舟。事業基礎穩固以後，同樣的心態會阻礙發展。這就是為什麼許多創業人士雖然想要成為企業家，最後卻淪為外表光鮮亮麗、實際上只是替自己工作的奴隸，困在被自己摧毀的事業裡。

成長的三個元素是願景、團隊與系統。工作團隊執行任務與運作系統，才能實現願景。因此，團隊是追求成長、拓展規模與提升服務的最大關鍵。

很多人問我：「羅伯，如果可以再來一次，你想改變什麼？」坦白說，寫書的時候，我們的公司收入超過三千萬英磅，還能做我們喜歡的事情，喜歡我們做的事情，又何必改變什麼呢？

但如果可以重來，確實有些事情，我希望能更迅速完成，並且投入更多時間。我會減少當初無頭蒼蠅般的窮忙，用更多時間規畫願景、策略與打造優秀的團隊。就算當時還沒有足夠的經濟能力，但我會盡快聘請對公司成長有關鍵地位的人員，例如個人助理、管理總監、銷售人員與財務總監。

找到傑出的工作團隊可以解放我的時間，讓我專心做自己擅長的事情，用槓桿支撐我的弱點，並且創造帶有複利效應的動能。

當時，我們發現事態不對，才開始尋找人才，我們大可以在三到六個月之前就集結優秀的團隊，讓他們準備就緒，立刻派上用場。

創業家與人力資源部門經常無意犯下一種錯誤：聘請同質性高的人。我也經歷過同樣的事。早期奮鬥的時候，我總是在徵才時受到同一種人的吸引，他們就像三年前的我，還沒證明自己的能力但充滿熱情，未經琢磨但努力工作。事實上，我的徵才策略也在一、兩年內獲得極好的成效，但他們從來無法維持下去。諷刺的是，創立發展房地產公司之前，我仍然依循同樣的原則，或者說，這才是符合邏輯的發展。我尋找更努力工作也更熱情的員工，一年之後，他們燃燒殆盡，離開了公司。

團隊其他關鍵成員也有同樣的問題。有的人只聘請女性，有的人從來不聘請女性，有的人則是聘請小跟班。總之，每個人的徵才原則都是為了配合自己的需求，通常也是要滿足自尊心。

這是錯誤的徵才原則。沒有徵才經驗者容易犯下這種錯誤，全憑喜好做決定。人類用扭曲的自我世界觀理解世界，彷彿眼前認知的現實才是唯一真實。既然如此，當然也容易陷入錯覺。

最好的徵才原則是：

- 清楚明白角色職責、關鍵結果領域以及職缺內容。
- 清楚明白自己希望找到什麼樣的人才，不要什麼樣的人。
- 不要聘請跟自己相似的人，聘請適合的人。
- 看出求職者的才華能夠創造什麼改變，策略地打造一支看似衝突的團隊，包括形形色色的成員與彼此不同的專業技能，才能做到互補效果。

英國樂團「電臺司令」可能是公認最有創意、且最具顛覆性的樂團。他們創作常發生「創意衝突」。樂團主唱湯姆・約克同時受傳統與現代音樂的影響，而主吉他手強尼・葛林伍德則擁有古典音樂與電子音樂的深厚基礎。兩人經常不同意彼此的看法，有時甚至爆發衝突。約克希望跳脫極受歡迎的原有風格，但其他成員則傾向於堅持。我非常相信就是因為「創意衝突」與「尊重差異」，才能淬鍊出電臺司令的實驗與創新風格。

你的團隊應該效法樂團——每個人擅長一種樂器，擁有不同的個性與影響力。主唱與鼓手的角色截然不同，全都不可或缺。事實上，雖然主唱會得到所有的名聲與讚美，但鼓手必須掌握全場節奏，負責帶領樂團，或者是由貝斯手擔任領導。三人樂團、五人樂團、甚至像美國滑結樂團一樣的九人樂團，全都是一樣的道理。有時某位成員會拿出史詩級的表現，但他始終是樂團的成員，團結才是力量。

生活槓桿的團隊建軍原則是用外包與合作方式彌補你的短處與厭惡，瓦解阻礙，讓你大步向前，用更多時間來發揮所愛與所長。人人都希望追求這種理想境界，但他們被弱點困住，所以無法前進。想要解決這個困境，必須用外包來發揮槓桿效應，將弱點排除在領導事務之外。專注發展你的領導技巧，著重在你的優勢與缺點，善用外包辦理，發揮槓桿效應，打造傑出的團隊，激勵所有團隊成員。

③激勵

完成願景以後，與團隊成員分享，讓願景傳遞到團隊裡，率領成員邁向美好的終點。關心團隊成員，理解他們的價值，讓這場旅程可以實現你的願景，並且契合他們的內心價值。請注意，曇花一現的虛偽熱情，並不是真正的激勵。

④意見回饋

回饋是一種機制，用來檢驗每件事情都往正確的方向前進，適用於整個團隊，不只是領導者本身而已。領導者可能採用了錯誤或者比較緩慢的方式，可能往錯誤或者比較遙遠的方向前進。你以為漫步高飛，但整個團隊卻岌岌可危。回饋就是走回正確軌道的方法。

身為領導者，你必須欣然接受各方建議，並且主動尋求意見回饋，這是唯一精準追求願景的方法。絕對不能讓自尊心阻擋自己學習關鍵與寶貴的意見回饋，這些意見回饋可以修正你的方向、解決問題或者服務最多的人。

生活槓桿的管理哲學

領導者創造願景，領導團隊追求願景。管理者與成員並肩作戰，支持他們，幫助他們行動，一同抵達終點。

想要創造有效率的管理結構，並且做到事半功倍、外包大小事、創造理想的彈性生活風格，你必須發展系統化的生活槓桿80／20管理哲學。

①分享願景與激勵

團隊成員必須知道自己追求的目標有價值。邁向珍貴的目標是幸福的關鍵。「生活槓桿」哲學的核心關鍵是願景。做為領導者或管理者，團隊願景來自於你，而你的鼓舞與激勵可以團結成員，共同實現願景。這是領導者最重要的關鍵結果領域。重新重視願景，才能解決旅途上出現的挑戰與難題。

②聘請專業管理人來管理其他的管理人與專案團隊

團隊規模成長以後，管理與傳遞願景的難度也會提高。根據許多管理專家的研究與經驗，一個人最多只能直接管理六到七名成員。超過這個人數，工作量、壓力與負擔就會提高，管理效率、關注力與注意力也會下降。

當你不再親自操作，只負責管理時，就會面對新的挑戰。你必須關上辦公室的門，不能再說「隨時來問我」，要說「去問其他人」。團隊文化會因而變得不同。一旦你下定決心之後，就難以親自改變整個團隊，因為你不可能隨侍在側。你的伙伴會開始覺得疏離，或者被你拒於門外。

你必須設定界線，負責更多領導，減少實務上的協助。從現在開始，你教導團隊成員如何尋找答案、解決問題並且向其他人求助。假如他們必須仰賴新進的專業管理人，他們可能會拒絕，甚至因此產生衝突。

當你開始經歷這種成長，有些成員也會成長，有些則會離開。你必須承受與成長，學習放手，欣然接受原本可以避免的失誤，把目光專注在更長遠的目標，承擔原本可以避免的短期痛苦。例如，把銷售工作交給團隊成員，一開始可能會導致銷售下跌，或者失去只願意跟企業主交易的客戶。你必須從微觀管理轉型為宏觀管理，最後實現外包管理。要求團隊成員提出建議，而不是問題。信任他們可以解決問題與挑戰。讓團隊擁有足夠的空間、自主與尊重，拿出他們的最佳表現。讓團隊動起來，但不需要立刻做到完美。

③制訂並調整團隊方向

雖然飛機搭載衛星導航系統，但飛機偏離軌道的時間，其實遠遠多過於維持在正常航道的時間。以下文字引用自 jsgilbert.com，解釋飛機的航道與終點。

飛機會有主要的航道，但平均而言，95%的飛行時間都偏離了正常航道。舉例來說，電腦會提醒機長，目前航道朝南方偏離五度，於是機長可以藉由精密的設備做出修正，回到正確的航道。但風向可能會造成飛機再度往西南方偏離了幾度。機長再度做出修正，使飛機回到正確的航道。整趟旅途，飛機都處於偏離與修正的循環過程。

假如這班飛機從紐約到洛杉磯，機長需要持續評估，做出必要的調整。就算飛機儀器功能良好，但最後還是需要靠機長的指示才能運作。機長聆聽各種指示和閱讀天候指數等資訊，協助飛機完成不停修正的過程。

天氣、國土安全或候鳥等額外因素是飛行時的挑戰。機長必須同時考慮這些額外因素，做出修正航道的最佳決策。在許多情況下，飛機面對不可知的因素時，必須徹底改變原訂航道，甚至偶爾還會飛入不知名的領空。

為了避免潛在的問題，飛機必須改變航道，有時則是為了配合氣流或者把握其他飛行利多，採取完全不同的航道。

同樣的道理也適用於領導與管理。機長就是你該扮演的角色，也是重要的關鍵結果領域以及創造收入工作。

④讓團隊動起來

把願景分享給團隊成員，給他們足夠的資源與自主權，設定時間軸，讓他們動起來。就算你認為他們正在犯錯，也不能親自干預。你也許會覺得很難。但是，你決定聘請他們，讓他們加入你的願景，就必須相信他們。他們的表現會讓你驚艷，而你能否成長的關鍵，就在於他們是否能夠成長。

⑤良好的回應

回饋與監督能夠創造好環境，孕育改變、觀念成長以及問題解決。無論收到什麼樣的意見回饋，你都不能攻擊他們或者流淚，尤其是在公開場合。過於情緒化的回應只會讓你成為輸家，造成不良效應，讓你失去時間、金錢、員工和客戶。

對於熱情洋溢的創業家來說，這可能是最困難的挑戰之一。你期望每個人跟你一樣努力與執著。但你的標準不是判斷基礎，因為每個人有自己的標準。控制你的情緒，接受團隊成員的意見回饋，在正確得宜的場合，或者私下安排的一對一會議，再做出適當回應。

最困難的挑戰可能是你必須鼓勵團隊成員針對你本人與你的管理方法提出意見，聆聽時請睿智謙遜，虛心接受並且納入考慮。假如你從來不聽建議，誰又會聽從你的指揮？

精通此道，你會大有斬獲。精通商業管理，就可以主宰生活。

生活槓桿的管理祕訣

藉由這些技巧，你可以將生活槓桿充分應用在管理與領導上：

① 找出團隊重要成員的內心價值

關心團隊成員，找出他們最重要的價值。你可以使用本書裡的問題，例如「生命中最重要的事情是什麼？」成員的核心價值是重要資訊，可以知道如何鼓舞、激勵每個成員，也能將願景或實務工作建立在成員的核心價值上，讓工作符合他們的價值，或者讓成員理解你的願景與他們的價值之間，存在著什麼樣的聯繫。

② 如何進行專案計畫

假如你對人頤指氣使，就算話語包著糖衣，別人仍然會心生不悅，因而不願拿出最佳表現，甚至在心裡期盼事情出差錯，只願意付出一半的努力，導致計畫延誤而失敗。

永續經營的優雅方法是讓團隊成員參與計畫過程，傾聽他們的想法，讓他們一起參與建設，分享計畫的一部分。如此一來，團隊成員會更願意承擔艱困的挑戰、漫長的工作時間和迫在眉梢的期限，並且與你擁有同樣的願景與期待。

你可以按照以下的步驟進行：

步驟一：給予自主權

相信成員，讓他們負起責任。讓他們自己努力。相信他們，才能領導他們。

步驟二：引導他們提出好想法

在下指令之前，你應該先提供建議。不要把你的想法強加在他們身上，相反的，從他們身上得到好想法，把功勞給他們。

步驟三：聆聽建議並且放寬期限

如果計畫期限過於不切實際，團隊氣氛會非常糟糕。不要讓時間限制成員的發展，甚至可以寬裕幾天，他們會做得很好，也會非常開心。

步驟四：用小討論取代冗長的會議

經常進行小討論來確定計畫進度，放棄冗長的會議。像飛機一樣，持續評估與修正方向，避免失之毫里、差之千里。

步驟五：掌握關鍵績效指標（每星期或每月）

持續檢驗相關資料，做出相對應的處理。

步驟六：讓某個人負責統籌整個計畫

就算是團隊合作，如果負責人超過一個，或者沒人負責，會讓每個成員都在找藉口或替罪羔羊。指定某個人負責統籌領導，但不是要讓他成為替罪羔羊，而是請他創造方向與管理其他人。

③如何舉行會議

常見的情況是會議太少，沒人知道彼此的進度，或者會議太多太冗長，根本沒完沒了。

生活槓桿的會議之道是：

- 設定明確的會議目標

每次會議都要有明確的主題。在會議通知裡，明確寫出目標與重點，讓所有人都能事先準備。

- 清晰簡短的會議重點

開會之前，讓成員知道本次會議的重點（三到七個為佳），保持會議的清晰、簡潔、無負擔。

- 事先決定會議的時間

不要拖延會議結束的時間。保持流暢。指定一個人負責領導會議進行，不要離題。指定另外一個人在預定結束前的十分鐘、五分鐘、兩分鐘時做提醒。時間到了，卻未有結論，仍然要結束會議，並且安排下次會議時間。你很快就會知道要如何在預定時間內完成所有重點討論。

- 在會議中分配工作與期限，並且立刻製作備忘錄

與會成員裡至少有一個人要負責完全記錄內容。會議時討論了什麼工作內容，工作又分配給誰。會議結束之後立刻送出備忘錄。下一次會議時馬上進行檢驗。哪些工作完成了？哪些還沒？如果還沒，發生什麼情況？

④電子郵件管理

電子郵件雖然是二十世紀最偉大的發明之一，但也可能會毀滅你的人生。《生活槓桿》會在後面的章節分享清晰聰明而有效率的電子郵件管理的系統方法。無論你有多少電子郵件，永遠都能保持收件夾的清爽。

現在讓我提供一些電子郵件管理的小技巧：

• 究竟要用電子郵件、電話，還是面對面溝通？

有時候，你浪費一個小時開會，但其實只要一封電子郵件就能說清楚。另外一些時候，一封電子郵件卻副本抄送給十幾個人，裡面還有密密麻麻的文字牆，你要花很多時間弄清楚怎麼一回事，但其實只要跟對方碰面五分鐘就能搞定。關鍵的技巧在於學會什麼時候該用電子郵件、電話或面對面溝通。如果你想發飆，不要用電子郵件。如果你不希望自己說的內容會上報紙版面，就不要放在電子郵件裡。還有，想要開除某人，也千萬不能用電子郵件。

• 「收件人」欄位很重要

我其實不相信自己必須提醒這種瑣碎的小事，但我真的收過許多電子郵件的「收件人」一共有六個，導致我根本不知道這封信要寄給誰，誰又應該回信？最後當然不會有人回信。無論你想寄信給誰，要求誰負責做什麼事，把那個人放到「收件人」，可參考相關資訊的其他人就放在「副本」。除非別有策略考量，當你打算在電子郵件裡批評對方時，應該把其他收件人放在「密件副本」裡，以避免尷尬的情況發生。回信時應該延續先前討論的內容。還有，絕對不要轉寄任何敏感資訊！

（我們都犯過這種錯，打從心裡希望有個「取消發送」按鈕！）

摘要

打造團隊。學習成為偉大的領袖。你的標準要高於成員的標準。不只投入金錢，要用所有資源來招募傑出人才，實現你的願景。

減少「自我」在團隊中的角色，提高「槓桿」與「激勵」效果。用更多時間思考，減少親自動手的程度。尋求團隊成員的回應，持續修正願景與策略，你就能夠創造不同。

16 果斷放手，讓專業的來！

我的一位導師曾說：「羅伯，馬上得天下，但不能馬上治天下。」愛因斯坦如果還在世，肯定也是一位了不起的導師，他也曾說：「我們沒有辦法用原本的思考方式解決問題。就是因為原本的思考方式，才會導致問題的發生。」

我認為這種想法可以總結創業的旅程。創業有許多階段，唯一不變的只有改變。讓你創業的動力，催促你凡事親自動手，帶動你的事業發展。然而，為了成長，你必須改變做法。如果你沒辦法順利轉變，事業就會衰退。創業家在追求成長時會相當辛苦，這是非常自然的情況，因為成長要求時時刻刻做改變，絕非容易之事。但如果你能將成長視為目標和成功，便能持續向珍貴的目標前進。你的事業在成長的過程中可以應對挑戰，契合你的願景與價值。

成功的關鍵技巧之一就是「果斷放手」。

根據「今日美國」新聞網站報導，二〇一三年時沃爾馬超市的員工人數高達兩百二十萬人，總經理山姆・沃爾頓當然不可能親自管理、決定每件事情，或者每月定期檢查所有員工的情況。情況很明顯，他絕對聘請了值得信賴的關鍵人物，替他執行命令，並且實現沃爾馬超市的企業價值。沃爾頓的企業成長必須仰賴很多人。白手起家的英國創業家菲利普・格林爵士創辦了阿卡迪亞集團（The Arcadia Group）。

根據維基百科的資料，阿卡迪亞集團旗下員工共四萬四千名。格林當初向銀行申請了兩萬英磅的信用貸款，經營服飾業，才得以成功打造阿卡迪亞集團。我曾與非常多的創業家接觸，彼此交換心得，或者由我傳授自己的經驗。幾乎每位創業家都即將、必須或正在經歷「果斷放手」的過程，並且深深為此所苦。不敢放手是追求成功的一個巨大阻礙。精通此道可推動企業成長，但若無法明白果斷放手的道理，企業就會停滯不前或徹底失敗。

大多數的創業家認為自己獨自在「放手」與「不放手」的二分法裡奮戰。在內心深處，他們懷疑自己做不到，同時也在試圖說服自己，以為客戶只想跟他們往來，不會有人跟他們一樣在乎自己的事業，更相信沒人可以做好這份工作。

但這種想法錯得離譜。他們害怕失去，這也是成長帶來的痛苦。同時失去客戶和潛在收入的危機感，讓他們堅持一人樂團之道，但這種做法完全與「生活槓桿」哲學背道而馳。

讓我告訴各位一個好消息：所有大型企業的創辦人都經歷過一模一樣的成長痛苦與轉型過程。你可以學會如何放手，擺脫現在的困境，面對挑戰之後獲得成長。賈伯斯死了以後，我一度認為蘋果無法延續他們過去對全世界的主宰力，因為我不相信有人可以比得上賈伯斯的領導激勵能力。從當前的發展看來，我錯了。可能是因為賈伯斯留下的巨大能量，或者失去賈伯斯的痛苦，讓蘋果客戶變成了忠誠粉絲，又或許是因為賈伯斯將自己的價值傳遞給團隊的關鍵成員，所以蘋果可以繼續成長？沒人知道答案，只有時間才能證明一切。但我們可以肯定蘋果看起來毫無問題。我現在用蘋果電腦寫書，聆聽從iTune下載的音樂，也用iPhone經營我的人生。

以下的方法讓你做到生活槓桿哲學中的「果斷放手，勇敢說不」：

①懷抱願景，擬定成長計畫

從提升關鍵結果領域和創造收入工作開始，用更多時間思考願景和擬定策略，減少親自從事例行工作的程度。你越是能夠脫離例行工作，就代表你成長了，聘請個人助理、管理總監與關鍵人才，專注在「管理進展」。

你的願景是什麼？你的時間安排如何？一旦完成願景，你的企業組織圖會是什麼模樣？你需要什麼運作系統？你的團隊需要接受什麼訓練，才能完成一切？

持續檢驗並且評估願景與進展，遵照生活槓桿的VVKIK架構。

②接受失敗

改變一定會造成衝擊，可能會失去客戶，習慣舊文化的關鍵團隊成員也會離開。彷彿天崩地裂，非常像是與恐怖情人分手。害怕恐怖情人失控，所以你一直不願提分手，但事情變得越來越糟，你才鼓起勇氣結束這段關係。

恐怖情人肯定會失控，讓你受傷，但你會慢慢痊癒，開始思考自己為什麼不早點下定決心。你越早下定決心，就越早能夠脫離日復一日的例行工作，充分實現「生活槓桿」哲學。

「讓小小的壞事發生吧，這樣才能迎接更大的好事。」我在臉書上看到這句話，非常值得分享，但已經找不到原出處了。

③招攬傑出人才

招攬傑出的人才，可以大幅降低改變帶來的傷害，放手讓他們做自己的工作，接受偶爾的失誤，盡可能平順完成轉型。你會親自負責招攬人才，照理來說能夠控制成長轉型帶來的損失。

信任是讓團隊成員傳遞企業火炬的最大關鍵。信任他們，不要干涉插手。鉅細靡遺的事事干預已經被證明是對團隊成員最大的干擾。雖然成員尚未證明自己的價值，但如果你願意信任他們，他們不負期望的機率會提高，也會更相信你對他們的信賴。如果你不信任他們，又為什麼要招攬他們？

為了掌握生活，在你不想、也不認為自己能夠放手的階段，就應該放開對企業的部分掌控。讓別人替你處理例行工作，例如銷售產品和提供服務，銀行事務和開立發票，存取客戶資料庫和規畫行銷。用槓桿處理關鍵功能是成長與進步的象徵，為了做到這個境界，你必須招攬自己信任的傑出人才，然後放手讓他們發揮所長。

千里之行，始於足下，請專注在信賴、訓練與能力成長。授權會計人員處理銀行帳戶，設定支出額度的限制。同意團隊成員開立一定金額的發票，你只親自處理大金額的發票。隨著你的信任提升，再逐漸提高額度。大量訓練第一位替你處理銷售業務的成員，留給他一些有興趣的客戶名單，再把業務交給他。從大處著眼，小處著手，把視野專注在願景。

④保留時間給關鍵結果領域與創造收入工作

為了實踐「果斷放手，堅決說不」的策略，需要訓練員工來接替你的例行工作，但你可能太忙了，根本沒有時間訓練他們。大多數的創業家因而走上回頭路，再度披掛上陣。

這種做法既不聰明，也不會有什麼好結果。良好的時間分配與保留是最有效率的轉型方法，更能夠同時處理策略與例行工作。事實上，這也是下一章的主題。

務必在每個星期的行事曆上安排一段固定的時間，無論如何都不可以挪作其他用途，專門用來思考願景、策略與訓練。為了配合這章的主題，你應該把這段時間專門用來教育、訓練、支持團隊的關鍵成員，給予他們回饋。

因為他們即將成為重要的角色，協助你成長，讓你能夠順利放手。招募他們，卻沒有時間協助他們準備就緒，只會造成更多的麻煩。假如你沒有做好時間分配，優先處理重要的事情，就會為了彌補轉型帶來的短期損失或追求眼前的短期收益，開始把時間花費在例行工作。因為過於忙碌，所以無法教育、訓練並支持團隊成員，代表你還沒準備好成長。

⑤衡量進展

要如何確定自己有沒有做到「果斷放手，堅決說不」？又要怎麼得知團隊確實正在轉型，並且欣然接受？唯一的答案就是準確衡量，衡量的標準是關鍵績效指標與團隊成員的意見回饋。

一人樂團般的個體工作戶，以為自己是創業家，認為沒人比他更了解自己的事業。這種態度的起源是害怕犯錯，害怕自己看起來很渺小，害怕在別人面前軟弱，但也可能是傲慢地認為「這是我的事業，員工懂什麼？」然而，真正想要改變的創業家與企業主不會懷抱如此孤獨自滿或自以為無所不知的想法。他們提出問題、傾聽和做出相應的修正。

本書的標題與副標題來自於社群意見調查。我收到許多建議，做了多次修改之後，才決定現在這個標題。多數的社群成員喜歡《生活槓桿：如何做到事半功倍、外包大小事並且創造你的理想行動生活》（譯註：本書原文書名為*Life Leverage: How to Get More Done in Less Time, Outsource Everything & Create Your Ideal Mobile Lifestyle*）。我希望這本書會被很多人買回去好好閱讀，才能發揮幫助讀者的功用。

所以，雖然現在的標題不是我個人的首選，甚至不是我想的，而是一連串的意見回應而產生的結果，但既然我想要幫助更多人，現在的標題就是最好的選擇。如果我堅持改書名，只會顯示出我的愚蠢。本書大多數的內容來自於觀察社群成員面對的挑戰，以及我協助他們解決問題、善盡服務責任時的想法。

有時你不知道自己錯了。

有時你不曉得自己無知。

有時你必須體會前所未有的感受。

在「生活槓桿」哲學的服務、解決問題與成長主題裡，意見回饋是一個反覆出現的重要元素。導師曾經面對過你眼前的問題，他的意見回饋可以帶來改變。實際執行工作的人更明白現實情況和實際工作，他的意見回饋同樣可以帶來改變。

你不能以為自己無所不知或者永不犯錯。許多人相信，擔任領導者意味著你必須知道所有答案，就我個人來說，這是錯誤的想法，領導者的角色並非如此。領導者的任務是關心團隊成員，讓後者得以融入願景。團隊的意見回饋越多，成員提出的觀念就越勝過於單打獨鬥，也會覺得自己在團隊目標裡變得更重要。

批評、沒有事實根據的謾罵，和公允但傷人的評論，對你來說都非常珍貴。過了自己這一關，你就會開始收到珍貴的資訊，能夠因而成長。只要不固執己見，四處都是答案。不要認為別人的意見回饋與建議是針對你，那是寶貴的洞見，能夠幫助你調整策略，邁向願景。雖然不是每個建議都值得嘗試，但所有回饋都值得花時間思考，當作是對成長進步的衡量標準。意見回饋也是身為真正領導者的象徵。別人與你相處時覺得自在，才會願意提出意見，你很有可能已經創造了一個充滿正面風氣的環境。俗話說，意見是冠軍的早餐。讓我提出一個小小的意見：加快腳步讀完這本書吧！你的動作太慢了！你這個懶惰鬼！

果斷放手的時候會面對的挑戰

追求成長、決定果斷放手並且改變文化時，必須盡早讓團隊成員知道你的想法與計畫，讓他們共同參與你的願景。如果前方的道路穩定且視野清晰，他們會欣然接受，並且承擔改變與挑戰。你也會遵守承諾，關心團隊成員，讓他們參與整個過程，給予時間與尊重，共同迎接改變。

坦白說，事情不會這麼輕鬆簡單。改變現狀的時候，有些人可能會不高興，甚至會毅然離開，但你必須堅持，相信新的願景才是正確的方向，必須如此，才能做出改變。

給團隊成員一些時間。不要以為五分鐘就會看到成果。公平理智地規畫轉型時間，繼續訓練他們，接受他們的錯誤。你的團隊正在學習，而你必須寬宏大量，支持他們，一起完成轉型。

如何面對批評與酸民

不要在意別人如何批評你的「瘋狂」願景。無論你做什麼，或者不做什麼，都會有事不關己的人對你閒言閒語。不要以為當你變得成功，批評與酸民就會消失，一切回到常軌。不要這麼天真。他們只會越來越變本加厲。然而，其他人的想法不是你應該擔心的事情。他們不了解你，不知道你經歷過什麼，做了什麼樣的犧牲。迎合別人的需求與批判，過於在乎別人的意見，只會讓你偏離願景。事實上，評論與批評是象徵榮耀的勳章。不會有人替酸民打造紀念雕像，他們的成就也絕對比不上你。在追求願景的旅途上，欣然接受批評吧，那是旅途的一部分，用來幫助你成長，挑戰你能不能持續接受意見回饋，然後變得更好。專注聆聽事實，無須理會閒言閒語。

勇敢說不

很多人都不知道該怎麼拒絕。我父親經營過酒吧與俱樂部。他曾經告訴我，絕對不要把醉漢當成客人。他們只會帶來麻煩。儘管父親說的是對的，但我通常沒有勇氣說不，還是送酒給醉漢。他們會打翻酒，引起其他客人的不悅，造成衝突。父親只好把醉漢踢出門外（但他似乎頗享受的），當時的我覺得自己非常愚蠢無用。

對於許多和我一樣的人來說，沒有勇氣拒絕造成了不幸、重負、後悔與缺乏自我價值。替其他人做了一切，但內心不快樂，也偏離了自己的願景。想要成為別人眼中的烈士，你做了太多，卻吃力不討好，最後因為自己做的事情與當初承諾的人而感到後悔。你害怕失去，所以抓住所有機會，卻沒有一件事情做到完美。

也許你害怕的是拒絕之後，別人會怎麼說、怎麼想。你可能想避免衝突，或者擔心別人覺得被拒於千里之外；你可能真心想要幫助別人，或者認為拒絕是一種弱點。無論原因為何，請你明白，這全都不是事實，只是意見、感覺或錯覺。彬彬有禮地回答「謝謝你給我這次機會。我還記得當初從來沒有人會找我幫忙，真的很感謝你。我樂於協助，只是現在沒有辦法。以後如果有什麼需要我的，再麻煩您來找我。」這樣很好。隨便承諾「哦，好啊！」才會造成問題。

「我可以幫忙，但今天不行。」或者有禮貌地說「謝謝你來找我，不過這件事情我也幫不上忙。」假如你覺得很忙、不堪重負、壓力沉重並且失去控制，請記得一切都是你自己造成的。只有你才能對自己這麼做。你答應了這些工作。你承擔了責任。你累積了八七九五四封未讀郵件。如果你想要解除這種情況，有禮貌地說「不」。

不懂得放手，就永遠不會成長。

摘要

無法放棄自己動手做例行工作，你就不會成長。你可能以為沒人能做得跟你一樣好，但事實並非如此。

你只需要找到正確的人，信任他們，讓他們做事，就能協助你追求願景。不要擔心別人怎麼批評你。這一點都不重要。他們很有可能完全比不上你，他們的想法又有何重要之處。

想要成長，你必須學會拒絕。堅決而有禮地説不，你就能消除重負與壓力，不會受到阻礙，邁向願景與傳承。如果你想要成長，就必須學會放手。

17 如何分配時間

不能主宰時間，你就會被時間主宰。你一定有過這種經驗：工作了十四個小時之後，晚上九點，你突然在想「我今天到底做了什麼？」忙了一整天之後卻沒做什麼重要的事情，其實沒有比較好。

請記住，你不能管理時間，只能管理生活，因此「時間分配」也可以說是「生活分配」。

主宰你擁有的時間，你就可以主宰生活。

不要繼續花時間東奔西跑，一邊擔心昨天什麼做得不好，明天又有什麼事情會出差錯。建立時間區隔，分配每天的時間，在每段時間裡只關注當下。

行事曆管理

我不清楚你的行事曆管理風格是偏向軍事化，還是根本不用行事曆。假如我不能妥善管理行事曆，生活就會一團亂。過去十年來，我聘請的個人助理經常因為行事曆過於混亂而辭職，我才慢慢學會以下訣竅：

①先速記，後整理

頻繁使用一年之後，行事曆看起來應該像是倫敦地鐵路線圖一樣混亂。檢查所有的固定行程，刪除已完成或者不相關的事件。理想的情況下，一年至少清理行事曆兩次，例如在每年的六月與十二月。除此之外，也要整理其他的設備，避免造成同步不一而複製到舊有的行事曆。例如，你在個人電腦上整理了行事曆，但沒有注意手機行事曆，或者你的個人助理並未同步更新行事曆。

與生活伴侶坐下來，一起檢驗行事曆是否按部就班進行，家庭與社交生活是否平衡。最好能夠同時思考願景和目標，因為這些事情彼此息息相關。你應該把願景與關鍵成果領域當成檢驗標準，思考自己是否應該投入更多時間陪伴所愛的人，是否能夠結合工作與假期，確定自己應該優先從事、停止或者堅持的目標。

②在所有設備上與重要人士同步行事曆，並且提高行事曆的可見度

家庭、辦公室、手提電腦與行動設備都必須能夠存取你的行事曆。確保所有相關人士也能清楚察看你的行事曆，例如個人助理、商業伙伴、關鍵管理者與生活伴侶。如果光是想到要設定行事曆就會頭昏腦脹，找一個善於處理科技產品的人來幫忙。只要確實完成同步，讓對的人可以察看你的行事曆，就不會發生行程衝突，也不會佔用你原本設定的「請勿取消」時段。他們會清楚你的習慣與作息，也能逐漸知道不該在什麼時間打擾你。

③在所有設備上同步行事曆

確定你能在所有設備上快速而簡單地存取行事曆，包括行動電話、手提電腦、家用電腦、辦公室電腦還有平板設備。

④優先在一年前保留最重要的時間

這是最重要的行事曆管理方法。你必須在至少一年前就保留時間給VVKIK事件，例如重要的家庭活動、社交生活與工作重點。與你的伴侶坐下來，一起在行事曆上敲定固定的循環時間，並且註記「請勿取消」。

行事曆裡應該要保留時間給以下的生活槓桿重要事項和你可能非常熱愛的活動：

- 假日（你能不能結合工作與假期？）
- 與伴侶約會（白天與晚上都可以）、在家享受電影馬拉松。
- 長途旅行、小旅遊或小孩的學校活動。
- 規畫願景與策略。
- 健康、體適能、健身房或其他重要嗜好與熱愛活動。
- 與團隊重要成員碰面。
- 重要的關鍵結果領域。
- 發揮槓桿效益，將事情外包辦理。
- 訓練和制訂經營系統。

• 制訂和檢驗關鍵績效指標。

至少一年之前，你就應該把這些事情全部預先排進行事曆，根據各項需要，分別設定為每星期、每月或每年的循環活動，其餘的生活、時間與空間，就會自行填補到行事曆上的空缺。做不到的話，時間、空間與生活會佔滿行事曆，導致你沒有任何時間進行重要清單上的事項，進而感到不堪重負、困惑與沮喪。這是最有槓桿效應的一種方法，能夠解放大多數的時間，使你能夠最專注、最不浪費時間，並且最快邁向願景。

⑤保留最有生產力的重要時間

把生活槓桿哲學應用到時間分配裡，仔細觀察你的每日能量與生產力。你在什麼時間狀況最好，最有生產力？什麼時段想睡覺，又會持續多久？什麼時候想要獨處？什麼時候喜歡社交？什麼時候想工作？什麼時候想休閒？什麼時候會覺得內心充滿鼓舞？

我曾讀過一些行動研究。有些人主張早起很好，但事實上，某些人就是喜歡深夜工作。有些人認為午睡很重要，中餐必須吃得清淡，一天睡眠時間是八小時，但也有一些人認為五個小時的睡眠時間就夠了。到底哪一個人的說法才是對的？

只要能夠配合你的習慣，發揮良好成效，就是對的。

問題是大多數的人不熟悉自己的能量與生產力，無法配合生活管理。接下來的兩個星期，請你記下自己的能量與生產力狀況。簡單的筆記就可以了，記錄每小時做的事情，什麼時候工作？什麼時候休閒？當時的感覺如何？什麼時候的狀況很好？什麼時候覺得辛苦？什麼時候覺得自己很有生產力？你會對自己的日常循環感到驚訝。把日常循環、習慣與行事曆結合在一起，就可以做到最少的時間浪費，獲得最大的成果。

把關鍵結果領域放在最有能量的時間，用想睡覺的時間處理例行的、不重要也不緊急的工作。把能夠有效做事的時間，用在關鍵結果領域與創造收入工作上。妥善安排假日，最好能夠配合小孩的學校行事曆以及每年你最不低潮的時候。不需要每天固定在十二點或一點吃午餐，配合自己的飲食作息即可。

歡迎來我的臉書交流想法與提供回饋，我會要求你對自己與工作記錄負責。

你現在已經可以用最適合自己的標準，實現充滿激勵的人生，不再有罪惡感或和他人比較的感覺，也不會遇到工作與能量的衝突，做到事半功倍，創造理想的行

動生活

以下是我這幾年的體悟，希望可以幫助你重新設計生活，有些想法可能有用，有些或許不行，但你至少會得到一份藍圖，知道怎麼創造自己的理想生活。

- 我最有生產力的時間是早上五點四十五分至八點半。
- 最有效率的咖啡因攝取量：一天兩杯咖啡（超量會讓我成為心煩氣燥的偏執狂）。
- 最有創造力的時間是早上六點半到八點半。
- 下午五點四十五分之後就會昏昏欲睡。
- 最佳進食時間是早上九點、下午兩點與晚上六點（絕對不要在晚上七點以後約我吃飯，我會變成最糟糕的伙伴）。
- 喝酒對我沒有好處，就算有時候我以為會有什麼幫助也一樣，我絕對不喝酒。
- 最佳睡眠時間：晚上九點到早上五點半。
- 最好的鬧鐘：我兒子。
- 最糟的會議時間：早上十點四十五分到十一點三十分（我喝第二杯咖啡

前）。這個時間最適合從事不重要的例行工作，但我不太在乎例行工作。

- 巴比的高爾夫時間：早上十點、下午三點或下午五點。
- 最好的健身時間：早上八點半、十點或下午三點。
- 最有生產力的工作場所：客廳、咖啡廳、任何景致好而且有無線網路的地方（但不是辦公室）。
- 寫這本書的最好時間：早上四點半到早上八點半。
- 用電子郵件傳遞工作指令的最好時間：每個人到辦公室之前。
- 讀當天電子郵件、清空收件夾的時間：早上六點十五分到八點十五分，或者前一天的晚上六點。

這裡的重點在於，只要你開始熟悉自己的作息，養成至少五個以上的固定習慣，就能做到事半功倍、享受生活、實現生活槓桿哲學並且創造最大的不同。善加規畫一天的時間，有策略地控制生活，讓80／20法則與複利法則發揮作用，現在立刻實行吧！

⑥善用循環與邀請功能

行事曆的循環功能可以讓你避免重大的疏忽、錯誤與失察。用循環功能把重要事情固定在行事曆上，設定為每日、每週、每月、每年循環，確保自己絕對不會忘記。這個做法適用在檢驗VVKIK、重新保險、把資金移動到利息更高的銀行、保養車子、重要人士的生日等等。務必確定你的循環提醒設定在實際的事件時間之前，這樣才會有充足的準備時間。

把所有相關人士，或需要知情的人都加入到行事曆的邀請清單裡，例如負責執行相關工作的人、需要知道你近況的人、你的管理上司、你的個人助理、管理總監或配偶。

⑦在「註記」欄寫入詳細的資訊與重點

在行事曆上寫「會議」並不是清楚詳細的資訊。如果某人邀請我開會，但我不能從行事曆資訊裡確定當初安排這個會議的原因，加上時間過得太久，已經想不起來，就會拒絕參與並且刪除會議邀請。你必須在行事曆的會議安排裡寫入詳細的重點、會議預期結果和詳細的議程。

⑧每年更新與修訂行事曆

每半年或一年，重新檢閱和清除行事曆，確保VVKIK架構持續發揮槓桿效益。

你已經做到井然有序的行事曆時間規畫，也加入了個人能量與生產力作息，現在要追求的是訓練自己專注，依照行事曆的安排，一次只專注一件事情，徹底阻擋任何干擾。

一邊執行預定安排，卻又前顧後盼而舉足不定，只會讓你分心而忽略當下，但你必須做好當下，這裡才是進步與快樂。你只能做好當下，你也只能掌握當下。

以下的工具與技巧可以提升你的專注力：

•立刻行動

絕對不要拖延。不可以找藉口。先求有做，再求完美。追求珍貴的目標會促進腦內啡與血清素的分泌，改善我們的情緒。即使一開始的進展不多，但只要開始工作，就會讓人開心。「生活槓桿」的工作之道就是先求有做，再求完美，邊做邊調整。

•專注一件事

專注的英文是focus，意思是「堅持單一步調，直到成功為止」。用三十分鐘到九十分鐘，專注在單一關鍵結果領域或創造收入工作，遠離所有分心干擾，用一段休息時間犒賞自己格守紀律，不要產生錯覺，以為自己做了很多，所以每隔幾分鐘就切換不同的工作主題——這樣是浪費時間，但你卻自我感覺良好。汽車引擎需要提高溫度才能發揮性能，高檔跑車甚至會在溫度足夠之前限制加速，你也要等工作一段時間之後才會進入最佳狀態。每次切換工作主題之後，你必須重新熱機，才能回到狀態內。反覆熱機造成時間浪費。九分鐘只做一件事情和九分鐘做了九件事情會帶來極大的不同，在同樣的工作時間內，前者可能創造了七十五分鐘的珍貴成果，後者卻只有三十分鐘的實際價值。

如果你夠聰明，也可以把性質相似的工作排在一起，節省熱機需要的時間，讓能力與專注力發揮最大效用。你可以在一天連續安排三場會議，在手提電腦上準備所有需要的資料，不需要再回去辦公室拿，也要把所有需要用到的帳號密碼資訊準備在手邊，節省搜尋的時間。

・阻隔所有干擾和時間浪費

保持對VVKIK的高度專注，你會知道自己應該多做什麼，放棄什麼。處理重要的關鍵結果領域與創造收入工作時必須專注，遠離所有干擾。不要讓任何誘惑有機可乘，不要打斷自己！事先戴上大耳機，如果別人對你說話，就可以兩眼空白看著他們。

你必須弄清楚什麼事情會導致時間浪費，並且完全避免。以下是我外包給研究員的調查結果，列出了一天之間常見的時間浪費與比例：

電子郵件：40％

社群網站：30％

手機訊息通知：15％

上網：5％

我還想額外補充：處理別人的問題、不斷暫停和恢復工作狀態、爭執和辯論。請你也要忽略這些，特別是別人的問題。他們會想辦法說服你，讓你以為這是你有義務要處理的問題。

請你根據現實情況，評估對方提出的問題會造成多少衝擊與緊急程度，如果只是日常瑣事，把他們丟給別人處理。

處理關鍵結果領域與創造收入工作時，絕對不要接電話。如果真的有急事，他們會找到方法聯絡你。關掉所有鈴聲與噪音。

摘要

用「時間分配」來管理日常生活與時間，是非常有效率的做法。根據關鍵結果領域與創造收入工作來決定各項事情的優先程度，與重要的人分享行事曆，並且在所有設備上同步行事曆，幫助自己做好時間分配。保留最重要的時間，優先分配給家人、運動、規畫願景與策略。理解自己會在什麼時候，用什麼方式拿出最佳生產力，可以增加自我認識，提升五倍效率。阻止所有時間浪費。一切干擾消失之後，就會看見生產力！

18 利用「非多餘時間」

非多餘時間是生活槓桿的小技巧，能夠善用時間，減少時間浪費。

非多餘時間的用途是在單位時間內得到多重結果，但不是要你一口氣做很多工作，忙到不可開交，或者與情人親密相處時還忙著滑手機，而是在一段時間內，能夠同時創造兩、三個真正的成果。

以下是非多餘時間的用途：

◎旅遊、健身、散步時聆聽節目

外出旅行或搭乘火車時，一定要善用時間，聆聽教育節目。這是非多餘時間的完美應用，可以買回旅行或搭車的時間。聆聽節目可以節省閱讀時間，並且發揮旅行、健身與散步時的兩倍槓桿效應。

一天做到一個小時，每十年就可以善用三千六百五十個小時。

根據《衛報》，大學生每週的平均學習時間是十三個半小時。如果你以兩倍速聽節目，一週的總學習時間已經媲美大學生，等於每十年可以獲得三到四個學位的知識量，藉由非多餘時間的槓桿效應，完全發揮了時間的價值。

從去年的一月到十一月，我一共聽了一百一十八份電子書，感謝兩倍速聆聽的功勞。平均每本書的時間是三個半小時，我的學習時間總計是四百一十三小時。在這段時間裡，我的頭腦接受了知識、教育與啟發，已經快比得上三年的大學教育。

搭乘交通工具時打電話

搭乘交通工具的時候打電話，可以在單一時間裡做到移動與聯繫，發揮兩倍的時間效果。不要配合別人的時間來安排會議，只有在能夠發揮非多餘時間效果時，才用電話聯繫事情。用這種方法來確保你的時間應用有價值。對了，我曾在健身時嘗試打電話，對方聽到喘氣聲，以為我在做什麼奇怪的事情！如果你可以在一星期之內以這種方式使用非多餘時間三個小時，未來四十年內，你就節省了六千兩百四十小時。

觀賞傳記性質的紀錄片

如果你一週花十個小時在電視的虛構影集，請改為收看具教育意義與啟發性質的人物傳記紀錄片。

在家理髮時使用社群網站

聘請理髮師到府上或辦公室剪頭髮，一個月可以節省三個小時的非多餘時間。你不需要花時間前往理髮廳，而剪頭髮、吹頭髮的時候可以用手機工作。我曾經一邊在辦公室理髮，一邊主持會議，團隊成員以為我跟賈伯斯一樣奇怪，但我不在乎。重要的是我善用了非多餘時間。如果你在未來四十年裡，每個月都用這種方法剪一次頭髮，一共可以節省一四四〇個小時。

在條件允許的情況下，盡量搭車，節省親自開車的時間，用來做點事情

司機的價格是每小時二十英磅，如果一個星期可以節省三個小時開車時間，四十年就是六二四〇小時。當然，如果搭車時只顧著看窗外景色，那就沒有意義了。你如果可以善用生活槓桿的80／20法則，一個小時賺回一百英磅，而司機的成本只需要二十英磅，四十年後，你可以因此多賺四九九二〇〇英磅。

聘請園藝工人、清潔工、廚師、司機、保母、女傭、把衣服送洗

如果聘請每個人的成本是一小時二十英磅，一週共節省十八個小時（不包含司機），四十年就能夠替自己與伴侶節省三七四四〇小時。善用生活槓桿的80／20法

則，在非多餘時間裡進行投資，創造每小時一百英磅的收入，四十年下來會獲得額外的二九九五二〇〇英磅。

將上述的非多餘時間加總起來，一共可以在未來四十年節省四晚五千多個小時，即一千八百多天，加上可以賺取的額外收益，總計為三百六十多萬英磅。

有些人無法相信如此驚人的差異，特別是窮人，因為他們不知道自己一無所知。

很多人認為有錢人的人生很「奢侈」是因為他們有錢。但我個人相信，他們之所以能夠變成有錢人，是因為他們投資了必要的東西。

非多餘時間的好處，仰賴於你將生活大小事外包出去之後，嚴守紀律，在非多餘時間從事創造收入工作。

◎將擬定事業規畫、願景、公開演講和智囊討論等行程融入到假期裡

用這種方式結合熱情與專業、工作與假期，而不是在工作時覺得沉重，一到假

期卻又徹底抽離。不要區分工作與生活，就能達到兩者的平衡。善用假日的時間爭取成長，在工作時享受假日，就可以用《生活槓桿》改寫既有的工作規則，也是你專屬的工作方法。

◎外出或參與社交活動時，一併安排購物與旅遊行程

把休閒消費時間結合學習與工作行程。學習與工作結束之後，讓自己享受購物的歡愉作為獎勵。但不要把賺到的錢全都花光了！

◎與導師或重要商業人士共進晚餐

如果你今天不需要與伴侶約會，打算到外面用餐，不妨結合商務社交與用餐娛樂，邀請聰明、有趣且經驗豐富的人。他們完成了你想做的事情與目標，你可以向他們請益。

◎參加和商業有關的社交活動

與導師或成功的商業人士共進晚餐是結合社交與商業活動的方法之一，除此之外，還有參加飛行訓練班（我在本地的飛行俱樂部認識了很多很棒的朋友）、遊艇展、慈善舞會、天使投資人活動，任何能夠讓你結合熱情與專業的場合，都能夠達成這個目標。

我必須提醒你一件事。千萬不要把你的伴侶當成槓桿，他們很快也會把你當成槓桿而已。假如你只把伴侶當成洗碗槓桿，代表你想要跟對方有更進一步的羅曼史時，也只能用槓桿才能做到了！

摘要

非多餘時間的重點是在單位時間內得到多重成果。

在日常生活的每分鐘裡同時進行兩到三件事情，例如搭火車或上健身房時聽有聲書，搭車時進行電話聯繫，聘請清潔工、保母或廚師，用假日、晚餐與社交活動進行商務往來，藉此節省寶貴的時間，還能創造大量的利潤。

按照本章提出的範例，你可以在未來四十年節省整整五年的時間，賺得額外的塞百多萬英磅。別懷疑，真的有用。

Part 3

方法

第三部分提供更多特別的技術、工具與系統，讓你能系統化執行生活槓桿。

你會學到生活槓桿和生活管理的模型、運作過程、名詞縮寫和循序漸進的操作樣版。如果事情不太順利，開始故態復萌，掌握易於依循的工具相當有幫助。

這個部分的重點不是列出待辦事項而已，而是如何在創新與千錘百煉的系統方法之間取得平衡。創新的重點是快速創造改變，而千錘百煉的系統方法絕非曇花一現的小祕訣。你不需要另外一套管理系統來增加工作量。

19 區分主要工作與次要工作

「關鍵結果領域」和「創造收入工作」是最優先重要的主要工作。持續專注且檢視VVKIK指標，可以確保自己時時刻刻都能自發從事最有槓桿效應的工作。

其他都是次要工作。它們是人類世界裡價值最低、最消磨時間且收入最差的苦差事，例如面對負能量的人、處理大部分的電子郵件、參與聯歡會或取暖會、大多數的電視影集、在社群網站上貼自拍與食物照片、爭論和辯論、八卦、無趣的非收入創造例行工作，這張清單根本沒完沒了。

大多數人都認為延後是一件壞事。但對於低價值的創造收入工作來說，延後則是一件好事。在生活槓桿裡，次要工作就是低價值的創造收入工作。

你可以對次要工作感到懶惰、沒動力、無聊，盡量迴避或外包辦理。著手處理次要工作之後，再想辦法說服自己相信「我做了很多」，其實與拖延並沒有本質上的差別。但實際動手做，反而意味著你要花很長的時間做次要工作。請當心你的另外一個人格會想辦法說服你相信這個錯覺。這是謊言，你並沒有做什麼了不起的事。各位讀者，要完成我們的目標，還有很長一段路要走。

帕金森定理認為，「工作會不停擴張，直到填滿所有時間為止」（譯註：帕金森定理是一九五五年時由英國經濟學家、管理學家西里爾・帕金森提出的諷刺想法，後來用於分析組織內的官僚體系不停擴張的情況。）。如果你不善加區分主要工作與次要工作，所有工作會變得平等，佔據等量的時間和空間。但工作本就不平等，有些時間比較長，另外一些更為重要。如果你讓次要工作取代了收入創造工作，前者將佔據你所有的時間，你也會沒有任何空間做正確、重要與最有槓桿效應的工作。因此，為了發揮生活槓桿與最大生產力，我們必須堅持關鍵結果領域與創造收入工作的最高優先，果斷堅決地拒絕處理低價值的次要工作。

以下的方法能夠區分主要與次要工作，做到事半功倍：

專注在VVKIK架構的循環運作

想要解決缺乏主要次要判斷力、不堪重負、困惑、缺乏成果或窮忙，方法永遠都是回到願景、價值、關鍵結果領域、創造收入工作和關鍵績效指標所共同建立的VVKIK架構。如果眼前的工作在VVKIK架構裡的位置很高，讓你更接近實現願景與價值，請堅持下去；反之，請委外辦理或者放棄。持續思考VVKIK能夠確保你走在正確的方向，消除所有的困惑與拖延。

就寢與起床時，複習願景與目標

就寢與起床時，閱讀目標清單可以讓你的頭腦與神經接收潛意識的指令訊息。這個動作命令了潛意識開始思考，無論在夜晚或白天都會發生效果，進而開始解決問題。你會發現自己開始看見或察覺過去不曾留心的事物和機會，就像你對某部汽車很有興趣甚至想要購買時，就會常常看見那部車。

就寢與起床時閱讀人生目標清單，已經被證明會提升百分之三十的記憶力。

這個簡單的小動作可以啟動腦部活化系統（Reticular Activating System）。腦部活化系統負責篩除不必要的資訊，協助你專注在重要目標，也會幫助腦部吸收重要的成果，增強人的自我形象。人類的頭腦具備精細複雜的獎賞懲罰機制。在追求目標的道路上，每一次成功都會讓身體產生多巴胺，傳遞到腦部神經，產生愉悅的感覺。這種化學效應讓我們保持專注並且受到鼓舞，一邊追求珍貴的目標，一邊感受到身體的愉悅。

如果你一直都沒有閱讀目標清單，就不是影響腦部神經運作的正確方法。你可能不會成功，因為你並未專注目標，加上其他的事情會影響腦部神經運作，例如媒體報導的負面新聞、社群網站上無關緊要的資訊和各種謊言。無法進步或達成目標，導致身體不能提供多巴胺，空虛、悲傷與匱乏的感覺就會取代原有的好心情。

你可以做到程式般影響自己的心智，提升腦部生產的良好上癮化學物質，讓你變得更快樂。

送給你的禮物

在本書的開頭，我承諾要送禮物給讀者。我提供個人使用的願景、價值與目標文件表格。你可以填入自己的願景、計畫、價值、關鍵成果領域和各式各樣的目標，例如個人發展、家庭、成名、財務、物質、職涯與事業。我相信你絕對可以因為這份文件而改變人生。

這是我送給讀者的第一個禮物。感謝你讀到這裡，對我有信心，請繼續學習生活槓桿哲學。

讓每天都像放假的前一天

每逢假日前夕，你就能做完幾乎整週的工作量，是不是很驚人呢？你是怎麼辦到的？好吧，答案就是帕金森定理，或者說，帕金森定理的反向操作。帕金森定理認為，工作會逐漸填滿所有空白的時間，但你在假日前夕集中發揮了時間的極限效應，才會完成所有的工作。如果，你可以讓每天都像是兩週長假前的最後一個工作日，你會變得十分有生產力、非常完美而且極度危險。我要感謝布萊恩・崔西教導我學會這個無價的技術與想法。

摘要

所有的工作都不是平等的，所以你必須區分主要工作與次要工作，確保最高價值工作能夠連結到關鍵結果領域與創造收入工作。

假如這個工作能夠協助你追求願景，就必須列在目標清單的最上面；反之，就把這份工作委外辦理，或者乾脆丟到垃圾桶。事情就是這麼簡單。

時刻檢討自己的方向是否通往願景。一天兩次，在就寢與睡醒時，提醒自己重新閱讀目標清單。這個小動作會讓你感覺良好，並且提升30%的記憶力。

把每天過得像是假日的前一天，你就會拿出最佳效率。

20 定期大掃除

隨著時間過去，東西會越堆越多，變得雜亂無章。研究已經證明，雜亂會導致分心、瓶頸、累積壓力和浪費時間。普林斯頓大學的神經科學研究所發現：

人類如果同時接收到多重的視線刺激，這些刺激會為了爭奪視覺神經的主導權，彼此壓制腦內皮層對視覺神經的喚醒動作，導致視覺神經系統的處理能力變得非常有限。

用白話來說就是：「環境雜亂會導致注意力下降，限制腦神經處理資訊的能力，讓你分心。在整潔的環境裡，你可以處理一定程度的資訊，但隨著環境變得雜亂，會因此無法處理同樣份量的資訊。」

同樣的道理，也適用在電子郵件信箱、行事曆、電腦的檔案、辦公室，以及個人空間。環境會自然變得擁擠凌亂，就像車庫或地下室總是充滿垃圾。我們現在已經知道為什麼春季大掃除或每季掃除會讓人心情愉快了，這些動作很有可能分泌了血清素與腦內啡，因為掃除與整理也可以被看成是邁向珍貴目標的步驟。

八月與十二月通常是進行掃除的好季節，對商業人士來說，這兩個月的工作量較少（除非你是聖誕老人的老闆），還能夠提醒年中與年尾的時間到了。

整理以下事項，可以替你帶來益處：

- 文件與辦公用品——歸類或丟棄。
- 電子郵件信箱——執行、委任或刪除。
- 行事曆——刪除舊的循環事件和工作，並且重新評估。
- 工作與待辦事項清單——執行、委任或刪除。
- 訂閱——取消訂閱不重要的網站。
- 個人物品——清理、賣掉或者捐給慈善機構。
- 定期支出——檢查哪些東西已經用不到了，取消不必要的支出。
- 願景與價值——檢驗並調整。
- 關鍵結果領域與目標——檢驗並調整。

摘要

整理環境可以改善腦部運作，這是科學事實。

一年清理環境兩次，可以減少事業發展的干擾，使你心情愉悅，並且朝向目標與願景邁進。清理辦公室、電子郵件信箱、行事曆、衣櫃和所有物品，創造整潔的工作環境，提升生產力。你甚至可以在掃除的時候，善用非多餘時間，聆聽電子書。

21 別再「做白工」！

做白工是造成時間流逝的重大問題之一。一個工作做好幾次，成果卻沒有比較好，最後會毀滅你的人生，造成情緒沮喪。你是否曾經寫了一份重要文件或簡報，電腦卻當機了，導致你損失檔案？那種感覺如何？是不是很想砸東西？

比做白工更糟糕的是當中帶來的成本複利效應，例如機會成本持續增加或特定工作重複好幾次。假設某個工作在一天裡重複占用一個小時，四十年後就是兩千多個小時。這是你永遠找不回的時間。再假設每小時的價值是五十英磅，你總共損失了十萬四千英磅。

在商業與個人成長領域裡，最常被誤解的陳腔濫調之一就是「做錯沒關係，不要再犯就好了。」人不會犯同樣的錯兩次——他們會犯一百多次，直到結果很慘，才被迫改變。如果某人有情緒管理問題，不可能在生氣之後立刻變成聖人。除非發生了很糟糕或很重要的事情，所以他必須改變。我的母親吸菸長達四十年，從來沒有打算戒菸。但當琴瑪懷了我們第一個孩子巴比，之後母親一夜之間就把菸戒了。因為她找到了重要的理由。

人之所以改變不了習慣，是因為這個習慣已經變成了其生活條件，也是他們的本質。戒除習慣的關鍵在於自知之明、接納意見、理解與修正重複的浪費。

以下的情況則會造成重複浪費：

◎缺乏自知與意見回饋

如果你不知道什麼東西被重複浪費了好幾次，這種情況會永遠維持下去。持續問自己、團隊成員和客戶：「我們應該開始做什麼、不做什麼，以及保持什麼？」你很快就能解決重複浪費，並且非常開心。

●缺乏系統化與集中化管理

遺失重要的電子郵件、花了很久時間尋找電腦裡的某個檔案、需要的時候卻找不到密碼文件與隨身碟、弄丟筆記本、重複做同樣的工作、忘記續訂，這份清單永遠沒完沒了。

系統化與集中化管理是解決重複浪費的主要方法。集中化管理你的資料、帳號密碼、檔案和文件，全都放在雲端硬碟裡，讓所有行動裝置都能存取，可以解決大多數的重複浪費。科技迷因為雲端硬碟的誕生而非常興奮，因為它提高了效率，減少時間浪費和避免沮喪。

你可以立刻應用這些簡易的系統方法，避免重複與浪費：

- 有邏輯的替檔案與電子郵件命名，便於搜尋與整理。
- 為特定的工作，製作一張簡易的查核表。
- 把續約、續訂與工作放入行事曆，並且設定提醒。
- 在雲端共享的所有設備裡，設定集中化管理的待辦清單。
- 分享行事曆、電子郵件與文件檔案。

- 採取自動化作業（例如安全網頁的信用卡記錄、自動登入安全網站等）
- 集中單一管理——刪除不必要的重複檔案與文件。
- 製作教學手冊、影片或錄音。
- 把工作產品重新包裝之後，用多媒體形式推出。

本書第四部分〈行動生活藍圖〉，會詳盡介紹適合這些方法的網站與應用程式。

身邊圍繞錯的人

如果你要求我親自研究與分析，就好比要求貓咪發出狗叫聲或讓小孩聽話。所以我要特別感謝桑尼普替本書付出的勤奮研究、資料挖掘和分析。我討厭做那些事，也非常不擅長，但他熱愛而且精通此道。

身為創業家，我一直認為團隊成員要具備多工能力，才能發揮良好的槓桿效應。但實際上，他們幾乎一直要做自己討厭也沒能力完成的事情，造成了相當大的痛苦，於是他們再也無法享受工作的樂趣，最後什麼事情都做不好。你也很有可能早就把一個傑出的人才放在錯誤的位置，或者扮演錯誤的角色，讓他變得平庸或差勁。

在徵才的時候，你必須明確說明角色功能、工作指示和正確的人選條件。你也必須知道自己想要什麼樣的人來扮演什麼樣的角色。這個做法可以減少前述的時間重複浪費，達到效率、槓桿與滿足的最大化效果。

●缺乏訓練與紀律

為了避免在訓練團隊成員時產生重複浪費的問題，你必須顧及橫向思考與槓桿原則，反覆提醒自己，直到習慣為止。很少人能夠做到，但你必須做到。你的關鍵結果領域應該包含這個標準，如果沒有，趕緊列進去。完成了有效率且消除重複浪費問題的訓練之後，你必須用紀律來改變舊有的習慣，養成有效率的新習慣。

就像學習使用觸控板，一開始很難，而且十分不順手，你的打字速度會變慢，感覺非常沉重。大多數的人只用兩根手指頭，但觸控板的使用方式遠遠不止如此，所以你會非常想要用舊的方法，迅速做完眼前的工作。每天堅持紀律，進行一些練習，你就可以做到一分鐘輸入六十五個字。現在，你有一個新習慣，解決了原先的時間重複浪費，可以在往後的人生裡發揮槓桿效應。

訓練團隊成員學習如何消除重複浪費，也會讓他們成長為決策者，不僅獨立自主且受到鼓舞，擁有系統化的做事流程與方法，也不需要無時無刻請你提供答案。如果你沒有建立正確的流程，而是使用了權力與地位來控制團隊成員，始終還是會發生時間的重複浪費。

◎缺乏願景、計畫與組織

根據布萊恩・崔西的說法，用十到十二分鐘進行規畫，可以節省一百到一百二十分鐘的時間與能量浪費。這個道理一樣適用於時間的重複浪費。

持續檢驗你的VVKIK架構，確保生活槓桿效益的最大化與時間浪費的最小化。就像開車上路前，先準備好替代路線以迴避塞車與可能造成的不悅，願景、計畫和組織也能夠節省時間，讓你專注在工作、關鍵結果領域與創造收入工作。

組織化管理工作，避免工作紊亂帶來的時間浪費。整理周遭環境，使你更容易獨自專注。把所有東西都準備在手邊，讓你能夠保持在最佳狀態，發揮時間的最大效用。

◎庸庸碌碌、埋頭苦幹

像無頭蒼蠅般衝來衝去，違反了重視願景、規畫與組織的工作方法。然而，我們會說服與欺騙自己，相信忙碌和辛苦才是正確的工作方法，但最後只會證明這種想法錯得離譜。

匆忙永遠只會帶來失誤，導致你必須好好重新再做一次。混亂狀態則會讓你找不到需要的東西。

不管多忙，一定要規畫策略。很多人抱怨自己沒時間規畫策略，但管理大師布萊恩・崔西相信，你只需要十到十二分鐘，就能夠完成策略規畫。

摘要

工作的重複浪費讓人沮喪、消磨時間和損失金錢。用以下方法來擺脫重複浪費：弄清楚什麼地方重複浪費了，集中化管理你的資料（例如帳號密碼等），找到對的人做對的事情，訓練自己和團隊成員用正確的流程來有效率地工作。

不要再像無頭蒼蠅一樣東奔西跑，用點時間，好好規畫策略。只需要十到十二分鐘的時間，你可以維持更久的專注力。

22 如何計算投資報酬率

本章主題是使用易上手且符合生活槓桿哲學的工具與模型，系統化管理生活與時間。忘了總是老調重彈的高談闊論或小花招吧，雖然有五分鐘的功效，但十分難以維持，而且非常無聊。本章提供的時間模型與系統方法可以讓你珍惜並理解時間，更容易主宰時間而掌握生活。

- Ti－時間投資
- Ts－時間支出
- Tw－時間浪費

讓我們先討論最不重要的：

時間浪費（Ti）

造成時間無意義流逝的任何事情，就是時間浪費。你曾說過：「好吧，我大概永遠找不回那些時間了」嗎？肯定有吧？我們都有這種經驗。我們一不小心就會浪費時間，想要停止浪費時間是非常艱鉅的挑戰。

我們已經列舉過浪費時間的各種狀況，也無須再度浪費時間討論。就像拒絕碳水化合物與味精一樣，我們應該徹底杜絕時間浪費。

時間支出（Ts）

時間支出是指支出的時間具備或高或低的金融或情緒價值，但沒有任何持續的益處。賺取每小時的工資、從事例行工作或用時間交換金錢，都屬於時間支出。你永遠拿不回這些時間，也沒辦法從時間支出得到任何循環價值或益處。

失敗者大多都在支出時間，有時甚至是把時間全用在支出。每小時薪資太低是時間浪費，就算薪資夠高也只是時間支出。別人要求你做的工作，如果不符合你的最高價值或足以讓你追求願景，也屬於時間支出。

時間投資（Tw）

時間投資的意思是在完成該項工作之後，能夠長期且持續獲利或享受槓桿效果。時間投資創造了內在的循環價值。購買房地產、打造團隊與訓練成員都是時間投資。學習新知識而創造好結果亦為時間投資，因為你可以用往後的時間發揮更好的槓桿效果。時間投資能帶來長期循環的非勞動收入。

諷刺而充滿矛盾的是，在商業與生活裡，大多數最高價值的時間投資不會立刻創造收入，必須等到長遠的未來，有時甚至要等上一輩子。

槓桿、領導、鼓舞、影響、管理、外包、建立人際網絡、訓練和建造系統、自我教育、參與導師及智囊團的集思廣益，全都屬於時間投資。

請注意你的時間使用一定屬於以上三種範疇。不要浪費時間、減少時間支出並且投資更多時間。非勞動收入和各種利息都來自於時間投資。薪資則屬於時間支出。你可以用時間交換金錢，前提是你擁有願景，也會確實投資願景。你可以努力工作賺錢，也能讓金錢替你服務。

衡量與監控時間，才能主宰時間。請嚴格執行，態度堅決而且格守紀律，果斷投資你的時間。專注在領導、管理與槓桿。你做了多少不是重點，重點是你可以讓這個世界替你和你的願景做多少。你得到更多時間，專注在你喜歡的事情、給你美好未來的事情、替你賺錢的事情。

你可以只做這三件事情，其他全都委外辦理，發揮槓桿效應，替你的願景服務。這通常是最佳策略，因為你不愛的事情，通常也不會是你擅長的事情。全世界最自由的行動之一，就是做自己熱愛且擅長的事情，並且還能同時追求夢想，把不擅長的事情通通委外辦理或徹底放棄，發揮槓桿效應。這才是真正的自由。承包商可能非常喜歡這個工作，當然比你更為擅長，於是生活槓桿不只讓你自由，也服務了更多人。

時間投資報酬（Return on time invested; ROTI）

時間投資報酬同時是分析模型也是操作手法。時間投資報酬系統可以用來分析你的時間使用情況，也是生活槓桿哲學兼生活方式。

請不停問自己：「把時間投資在這件事情上，會給我最好的報酬嗎？」

這個單純的問題可以強迫你檢查自己是否妥善利用時間，做正確的工作，並且得到最好的槓桿效果。它會使你在最短時間之內賺到最大利潤，同時讓每個決策創造出最好的循環非勞動收入。

時間機會成本（Time Opportunity Cost）

時間機會成本是指當前工作或時間支出所造成的成本。

大多數人不知道什麼是時間機會成本或不懂其意義。他們只看得到眼前的利弊，卻沒想過若把同樣的時間拿去做或不做另外一件事情，會造成何種結果。

從財務的角度來說，機會成本只是單純的測量工具。例如，假設你把錢放在銀行的利息是1%，投資房地產的利潤是5%，那麼把錢放在銀行的機會成本就是4%。放在銀行雖然讓你得到1%的利息，但不投資房地產導致你損失了4%的利潤。

很多人不曉得如何測量時間，但觀念是一樣的。行動會導致金錢成本，不行動也會。同樣的，行動可以賺錢，不行動也能賺錢。遵守時間投資報酬模型，持續監控並衡量兩件事：你如何投資時間？你沒有把時間用來做什麼？

執行（Do）、委任（Delegate）、延後（Defer）或刪除（Delete）

執行、委任、延後或刪除是生活槓桿工作處理系統四步驟。作法很簡單，只要從四個方法中選一個，就能有效處理不堪重負、困惑與沮喪。用4D系統處理所有工作，可以更果決、更有效、效率更高。

待辦與不辦清單

雖然書寫已經被證明具備正面效果，但待辦清單也會跟工作本身一樣帶來重負。以下是大多數人處理待辦清單的方法（當然，你絕對不能如法炮製）：

- 絞盡腦汁思考所有需要完成的工作。
- 太多事情要做了，你不知道從哪裡開始。
- 你知道自己應該進行優先排序，你也照辦了。
- 你知道自己應該先做最重要且最緊急的創造收入工作，但你發現編號七的工作「非常簡單快速就能成功」，所以你先做了編號七的工作。
- 你上網收電子郵件，瀏覽臉書，稍微休息一下，還接了一通電話。
- 一個小時之後，你回到待辦清單上，你知道自己該做編號一的工作了，但你很想讓減少清單上的事項，所以決定先做編號五的工作。
- 編號五的工作變得很難，於是你半途停下，又開始找簡單的工作。嗯，編號九的工作看起來不會花太多時間。
- 你突然想起昨天做了什麼。你寫到清單裡，立刻打勾，取得了進展！
- 你替所有工作標上符號，用數字表示優先重要程度，還下載了待辦清單應用程式，相信這樣會讓事情變得簡單。
- 編號一與編號二的工作其實非常重要，而且越來越急了，開始讓你感到不堪重負。

事情就這麼發展下去，但你還在尋找下一個花招，就像當初想用體適能軟體讓減肥變得更容易，卻一點用也沒有。

所以，讓我分享真正實用的待辦清單方法吧：

①先做「苦差事」

把青蛙吃下去！把握時間，先做最重要的事情。阻隔所有分心干擾，專心處理。不要再找藉口了！立刻動起來。做完最難的事情之後，整天都會輕鬆。在別人還沒起床工作前，你就要先做最緊急也最重要的工作，可以增加自我價值與擴展成果。你越是能做到這個地步，腦部會分泌越多腦內啡，你會開始仰賴腦內啡帶來的快感，接著訓練自己做困難的工作，到最後就像對腦內啡成癮，越是上癮，工作就變得越是容易。

②要怎麼吃下一頭大象？

一口一口慢慢吃。所以，假如你的工作是寫書、參加馬拉松比賽或者建造商業帝國時，該怎麼做？拆成很多小工作，專注於當下。設定偉大目標，處理眼前的小口工作，不要因為自己設定的巨獸目標或想像期限正在慢慢逼近而被壓垮了。

③五到七原則

待辦清單上只能放五到七個工作，不能超過七個。如果某件事情排到第八，代表它不重要，所以根本不需要排進去。你可以把所有工作從腦海裡倒出來，但只標記五到七個需要完成的工作。你現在有明確的工作目標，可以專心做事了。

④不可以清單

如果你已經把所有待辦工作從腦海裡倒出來，一一寫在紙上，並且確實標記五到七個必須立刻進行的項目，請在每個待辦事項之間依序寫上「不可以事項」：

1. 不可以收電子郵件。
2. 不可以瀏覽臉書。
3. 不可以接電話。
4. 不可以去開冰箱。
5. 不可以上網搜尋任何東西。
6. 不可以開電視。

⑤槓桿清單

如果你的清單叫作「待辦事項」，你的腦子會一直思考「辦事」。換句話說，你一直在潛意識的層面要求自己做事情。但如果你把清單改名為「槓桿清單」，你是在重新設計自己的腦袋，要它發揮槓桿效果，而不是工作而已。

⑥L1, M2, DL

這是嶄新的「槓桿清單」系統：

先槓桿（Leverage First）

再管理（Manage Second）

最後動手做（Do Last!）

忙碌的時候，也許你的第一個想法是「我應該怎麼做？」、「我有很多事情要做，要從哪裡開始？」、「我什麼時候做得完？」或者「我要怎麼做完？」

試試看新的做法。下次工作或處理待辦清單時，先不要實際動手做，而是尋找槓桿與委外的機會，思考可以找誰替你做第一個工作，接著是第二個工作和第三個工作。在一天的七個工作項目中，如果你找得到四個外包機會，就是用一半的時間，取得兩倍的成果。

不幸的是，即使你把原先必須親自處理的工作委外辦理，也不會在隔天發現閃亮的工作成果躺在你的辦公桌上。任何槓桿工作都需要妥善的管理，才能順利完成。檢驗你槓桿外包出去的工作引導工作完成。完成這兩個階段才算是實際成果。從親自動手到槓桿外包，從時間支出到時間投資，改變幾個小時的工作投入方式，就能產生巨大的複利效應。你最後可能會槓桿外包三個工作，兩個工作正在管理階段，只需要親自做兩個。

如果你太忙，所以無法投資時間，代表你真的需要好好投資時間；假如沒有人可以跟你做得一樣好，也代表你真的需要招募傑出人才來分擔你的工作份量。

⑦創造收入工作與創造收入價值

如果正確使用了生活槓桿，你親自做的工作應該具備最高的財務價值，而你外包的工作，則低於你本人的財務價值。因此，想知道自己是否正確使用生活槓桿，唯一的方法是弄清楚自己的每小時價值。

第一階段要計算你的創造收入價值。創造收入價值是指每小時的工作價值。清楚知道自己每小時的工作價值之後，便可以準確計算出哪些工作應當親自執行，而哪些工作應該槓桿出去，用支付薪水或鼓勵請求的方式，讓別人來做。

為了計算創造收入價值，請先加總每星期的工作時數，其中包括上班（個人職涯）、兼職工作和資產投資的時間（如房地產）——也就是每週總計用多少小時來賺錢。你的數字可能是五十五小時左右。

計算或推估在這段時間之內你賺了多少錢，包括所有收入，例如薪水、股票分紅、利息、房地產收入等，但排除禮物或貸款金額。將數字加總，但請勿扣除稅金，你的每週所得可能是八百五十英磅。如果你只能算出每月所得，請將月收入除以四點三，就能推算出每週所得。每週所得除以每週工作時間，就能算出創造收入價值——也就是每小時的時間價值。你的工作時間平均能夠創造多少英磅？

以我剛剛舉的例子而言，創造收入價值等於八百五十英磅除以五十五小時，等於每小時十五・四六英磅。

這個數字的意義是什麼？任何工作只要能在一小時之內創造超過十五・四六英磅的價值，就能夠列入你的「槓桿清單」，值得你親自處理。從事這項工作並不會降低你的創造收入價值。但任何價值低於每小時十五・四六英磅的工作，或你只需支付每小時十五・四五英磅甚至更低薪資就能外包辦理的工作，絕對必須委外辦理。如果你不外包，就會導致創造收入價值下降。

這種做法也會引起複利效應。你從低價值工作中釋放時間，將時間投入在高價值工作，賺到更多錢之後，提升創造收入價值，產生良性複利循環。

這也是為什麼一般人不會因為超時工作而致富，而富者越來越有錢的原因：後者善用槓桿，外包低價值的工作。

為了幫助自己，你必須嚴守紀律，信任這個模型。只要工作價值高於你本身的創造收入價值，就必須親自完成，因為你會獲利。如果你能持續辦到，創造收入價值會逐漸提升。

但更重要的是，工作的價值也可能低於你本人的創造收入價值，這個時候必須發揮槓桿效果，將工作外包辦理。向對方討人情、試著互惠交易或支付工資都是好辦法。我們會在後面的章節提到幾個外包工作的網站，你可以考慮將工作外包到其中一個網站或聘請網路助理。你的母親或小孩也是很好的外包工作人選。不外包這些工作，你會變得越來越窮。進行這些工作，實際上讓你失去金錢，而不是賺得金錢。請嚴格遵守這個系統，它會永遠改變你的人生與財務狀況。

◎創造收入價值的80／20法則

計算創造收入價值還看不見全貌，加入80／20法則和生活槓桿哲學之後，整件事情就會完全不同。用80／20法則來思考你的賺錢能力或創造收入價值，就能明確看出80％的創造收入價值來自於20％的工作，反之，另外80％的工作只能創造20％的創造收入價值。

80／20法則對創造收入價值的影響：

①80％的收入來自於20％的工作時間

②20％的收入來自於80％的工作時間

讓我們仔細看看這兩件事情的意義：

①80％的收入來自於20％的工作時間

這意味著你可以用五分之一的工作時間，賺到四倍的收入。就算放掉80％的每週工作時間，也只會失去20％的所得。

採用80／20法則，只要用五分之二的工作時間，收入總額就會高於不採用80／

20法則的完整工作時間。

②20％的收入來自於80％的工作時間

這代表80％工作時間只讓你賺到20％的所得。你用五分之四的時間，只賺到五分之一的所得。這是在消磨生命，並未給予你任何的財務益處。想像如果你改變了80％的工作時間，用來處理創造收入價值更高的工作會如何。

創造收入價值高的20％工作時間和創造收入價值低的80％工作時間，兩者之間的差別十分極端。前者的收入高於後者十六倍。如果你想親自計算，以下是算式：

80／20創造收入價值＝每週總收入*0.8／每週工作時數*0.2

80／20創造收入價值＝每週總收入*0.2／每週工作時數*0.8

學會這個道理之後，你就再也不會用從前的方法理解工作與收入了！

練習：記錄工作日誌

接下來的兩個星期，請簡單記錄你的工作時間（職涯、企業、兼差工作機會或其他能賺錢的工作），可以使用電腦文件、紙張或智慧型手機的記錄功能。記錄每天的工作時間，簡單標記內容。請誠實，不要隱瞞浪費時間或無關緊要的工作。每天結束前，在確實創造收入的工作旁邊標記「創造收入工作」。

兩個星期結束之後，開始計算你在創造收入工作上用了多少時間。如果你跟我一樣，大概會非常驚訝，原來大多數的金錢收入和成果只花費如此少的時間，而大多數的時間都完完全全浪費了，財務收益微乎其微。一旦知道自己的時間分配情況，就能執行20／80法則，只做最重要的創造收入工作，將其他事情外包辦理或徹底捨棄。用最少的付出和浪費，得到最大的財務收益。

使用以上這些已經證明價值的模型與系統方法從事時間與生活管理之後，生活的其他環節，包括休閒時間與賺錢能力，也會顯著提升。

但我必須提醒你，一切都有代價，而我們的代價就是要嚴守紀律。然而，如果你的願景清澈，努力追求價值，你也無須擔憂失去動力或紀律，能夠直觀自發地從事帶有最高價值的工作。

這些時間模型讓我能夠打造七個不同的商業事業體與收入來源，每個事業體的年收入都超過七位數字。我現在已經不工作了，因為商業、房地產、個人發展、財務金融、教育寫作都是我熱愛的活動。我一天待在辦公室的時間不會超過幾個小時，但就算我不在，辦公室仍然運作得非常良好。我每天都與巴比一起打高爾夫，也能好好陪伴未婚妻琴瑪與我們的女兒。我們每年會用幾個月的時間前往開羅、摩納哥、佛羅里達與杜拜，讓巴比參加世界級的高爾夫球賽。我們的財務來源是資產創造的非勞動收入。自由是我的最高價值之一，而這些模型與系統方法給我這份自由，我滿懷謙卑地感謝。這是一份好差事，因為我已經找不到工作了。我滿腦子都是生活槓桿，還有非常嚴重的反抗權威心態，去找工作，肯定在幾分鐘之內就被炒魷魚了，就像本書開頭說的那位鮑伯一樣！

話雖如此，但我其實是這世上最不可能創造生活槓桿與行動生活風格的人。我也曾經堅信努力工作必有收穫。養育我的父親，是來自於英國北方的剽漢。

他也相信辛苦工作，並且長年付出勞力打造人生。我在學校時非常用功，成績很好，也努力經營家族的酒吧生意。決定投入藝術創作之後，我更努力了，但完全沒有賺到錢。我沒有任何休閒時間，財務狀況也只能勉強跨過貧窮線。讓我無法進步的原因，包括社會大環境不佳、缺乏教育與團隊、完全不了解生活槓桿哲學。你會在下一個章節裡發現，人生還有另外一條路，而你也能追求如此簡單的系統。

摘要

不要浪費時間，把時間投資在高價值的工作。外包辦理低價值的工作，把時間投入在房地產或其他能創造循環收入的資產。監控並衡量你的時間。記錄工作情況。

待辦清單上的工作不能超過七個。執行、委任、延後或刪除，把青蛙跟大象都吃下去吧，一口一口慢慢吃，確保自己不要做任何無關緊要的工作，也不能浪費時間。重點只有一句話：生活槓桿、生活槓桿、生活槓桿。

20%的工作會創造80%的收入。找出20%的創造收入工作，降低時間浪費，提高財務所得。

Part 4

藍圖

創造理想彈性生活風格的重點，在於如何省事、讓事物自動運行，並且創造靈活運用的時間，其中包括思考與做事的方法，以及你所選的工具網站、應用程式與設備。

以下所要闡述的部分將完全抵觸社會灌輸在你身上的觀念。你會學到只有少數菁英才明白的知識。他們挑戰常見的觀念與傳統，學會了更好的生活方式，也創造出各種自由系統，能夠迎接短期挑戰，完整執行系統。

本章節會帶你建立完整行動生活的系統，處理令人驚訝的心智想法與情感障礙，這些事情阻礙我們追求自由、地位和完整的生活槓桿。

23 創造更彈性的生活模式

行動生活藍圖是外包委任各種事情，並且創造行動生活的完整計畫與系統。行動生活藍圖的核心主題是「自由」，包括三個重大原則、三種主要心智和三種系統，用來追求完全的生活槓桿效果。

自由

行動生活藍圖的核心主題是自由。自由是心智，也是技巧。自由是生活槓桿哲學，也是一種系統。

縱然你可以坐擁全世界最好的系統，但真正的自由來自於心智，正如稍早介紹過的法蘭可與他的集中營經驗。反過來說，你也可以在心智上做到自由，掌握自己的思緒與感覺，就算是被困在辦公室裡，接受上級老闆的指示，受到空間的限制。祕訣是同時面對系統與自由，用平等的方式融合兩者，這就是行動生活藍圖的主軸。

自由的心靈是行動生活藍圖的重點，其意義在於承擔思想、感覺與行動的完整責任。無論企業多麼系統化與機械化，人為疏失的程度有多低，終究還是會遇到意外的驚喜。系統會崩潰，人會犯錯，舊的挑戰消失，新的挑戰又會出現。只靠系統化運作，永遠不會得到自由。你必須能夠控制自己的思想和情緒，才能得到自由，就算身陷日常工作也不可以改變想法。

滿懷感謝的心，是體驗自由的最佳方法。無論你剛開始追求、正在追求還是已經抵達終點，懷抱感謝會讓你欣賞自己擁有的一切。你會感謝自己創造了節省時間與帶來自由的系統，也會感謝自己面臨過的挑戰，讓你有機會創造這些系統並且實現自動化執行。然而，如果幸福與快樂只能仰賴系統與自動運作，會阻礙幸福的感受，並且導致「永不滿足」的痛苦。倘若出了問題，更會造成無比沮喪，甚至是質疑自我的價值。

行動生活藍圖的三大原則

①規模與解決

規模與解決問題的多數內容，在第十二章中都討論過了。你解決的問題會直接影響你的成果、財務與自由。你用事業替別人解決問題，而你解決問題的心智與能力，之所以能夠賜予自由，是因為你的心智不會被問題打垮，而且你能迅速地用系統化的方法解決問題。光是你能專注在解決問題的這個事實，就減少了你會遭遇的問題。你不可能解決世上所有的問題，你能接受這個事實而不受限制，並且經由解決問題來改善系統。這個過程才會創造真正的自由。

你不可能逃避責任、員工、客戶或想要服務別人的心。我曾看到許多人執迷所謂的「手提電腦生活風格」。他們被一種幻覺誤導，以為自己不需要員工、客戶、與人打交道、管理和責任，只要一臺手提電腦與數鈔機。他們非常天真而且受到誤導。在生活裡，你想要的越多，就越是仰賴事業規模，包括員工與客戶的人數、處理事情的標準方法、固定成本支出和普遍責任。想要擺脫一切會抵觸人類的本能直覺，追求自由和服務的心靈才是正確的解決方法。因為，矛盾之處在於，越是想要擺脫，就越是不自由，所以答案就是欣然接受。

也許不是每個人都想追求大型規模，這也無妨。你當然不必成為下一個願景家賈伯斯或肩負兩百萬名員工責任的沃爾馬超市。你可能不想要幾萬名員工、幾百萬的固定支出，或者等待你發表意見的幾百萬位民眾。但請你務必記得，你的願景有多大，你的規模就要有多大。

②生活槓桿

生活槓桿哲學與行動生活藍圖完全結合，包括槓桿思想、招募人才、外包委任、關鍵結果領域、創造收入工作、80／20法則、節省時間的模型與系統、願景、領導與管理、用更少的時間做到事半功倍、放手交給團隊，讓你得以成長。

③熱情與職業的結合

當你的職業變成假期，熱情變成專業時，你就自由了，再也不需要逃避工作或渴望回家，讓每一件事情都回到完整而受鼓舞的生命裡。

行動生活藍圖的三種心智

①自動化（系統運作）

自動化運作的心智和技巧，其重點在於讓你本人變得「多餘」，而不是讓別人需要你。藉由系統運作、應用程式和標準化作業過程，可以消除別人對你的依賴並且解決問題，創造自主地位、自動化作業和自由。自動化運作的敵人是重複、浪費與過度依賴，例如依賴技術專家與提醒。自動化運作追求最短、最簡單和最快的方法，得到最大的生產力與效率，創造最好的生活槓桿。

執行以下的系統，可以讓你完成自動化和全球行動力，因而也得到了自由：

讓我們仔細討論能夠讓你建立自動化運作系統的相關細節：

・行事曆

使用微軟、蘋果或谷歌提供的雲端行事曆。不要用其他名氣較小的古怪行事曆，以免遇到系統錯誤或者無法同步行事曆的問題。你必須讓所有設備都能存取行事曆並且同步，包括平板電腦、手提電腦、家用電腦與工作電腦。除此之外，相關人士也要能夠存取你的行事曆，如個人助理、管理總監、相關員工和配偶。行事曆必須易於使用，才能讓每個人一起協助你分配時間、安排行程、阻止時間流逝、減少困擾的情況，以及時間的重複浪費。

我本人非常不善於使用科技，也不喜歡設定這些東西。如果在谷歌首頁上找不到的功能，對我來說，等於不存在。如果我做得到，你肯定也可以。假如你喜歡設定資訊系統，那就更好了。但如果你不是科技迷也沒關係，請十三歲的兒子或某個善於使用電腦的人來幫忙吧。外包處理這件事情，你還可以得到非多餘時間。

•電子郵件

電子郵件是最大宗的時間浪費，因此，如何精通電子郵件處理方法非常重要。在所有設備上集中化管理電子郵件，讓所有設備都能夠存取電子郵件，可以分別存取不同電子郵件帳號，也能夠一起存取，不需要另開視窗登入或登出。你可以讓個人助理負責管理電子郵件信箱，減少時間的浪費。

學習「生活槓桿」的電子郵件管理方法，做到超高生產力和冷酷的效率。你真的做得到一天收幾百封電子郵件之後仍舊輕鬆寫意，保持乾淨整齊的收件夾，還能保住自由時間。

按照以下的方式設定電子郵件資料夾試試看吧：

- 一般信件
- 立刻回應
- 等候回覆的緊急信件
- 商務與行銷

大多數的人太仰賴預設收件夾，導致裡面堆積太多信件，光是看一眼就會覺得不舒服，馬上感受到難以承受的負擔。他們用「搜尋」功能，通常也找不到自己要的東西。他們從來不曾體驗「掌控一切」的感覺。當然，你不會遇到這種問題。

你的終極目標是做到收件夾裡完全沒有信件。每封電子郵件都應該用4D系統處理：執行、委任、延後或刪除。

- 執行：很快就能完成的工作、緊急或極度重要的事情，必須成為最高優先事項。
- 委任：指派其他人處理。
- 延後：很重要，但不是現在。
- 刪除：立刻刪除。

4D系統的電子郵件處理法：

- 執行：立刻回覆。回覆完畢之後刪除信件或移動到「立刻回應」資料夾。
- 委任：指派一個人立刻處理信件內容，但也要記得副本給自己。完成之後，將信件分類到「等候回覆的緊急信件」。
- 延後：放到一般信件或立刻回應。
- 刪除：不重要的事情，立刻毀滅吧，但你有沒有這麼做的勇氣呢？

收到電子郵件之後，如果內容不重要，就放到一般信件。一般信件區都是普通郵件，一個星期只需要察看兩、三次。照著自己的心情決定要處理哪些，隨意即可，或者某天需要其中一封信的時候，可以立刻搜尋到相關內容。

如果是重要的緊急信件。你有兩種做法。第一，立刻處理，完成之後把信件分類。第二，放到立刻回應。一天要察看兩次立刻回應資料夾。處理這類信件的時候，保持專注（遠離干擾），但不需要在收到郵件的當下處理。你可以決定自己何時處理。

放在立刻回應的電子郵件只採取執行或委任，所以請你選擇其中一種方法。如果你決定自己回覆，要記得副本給自己做存檔，也可以避免日後必須從寄件備份資料夾裡尋找記錄。如果委任他人處理，同樣要副本給自己，可以讓信件有關人士知道這封信的重要程度，同時也要把委任處理的郵件分類到等候回覆的緊急信件。

等候回覆的緊急信件資料夾是用來讓你管理委任的工作與信件，可以衡量或追蹤進度。一天察看這個資料夾一次，追蹤所有的委任工作。一旦信件工作完成之後，刪除信件或存封。

・商務與行銷

你可以把商務、市場行銷、付費訂閱收看的媒體訊息與推銷資訊通通放在這裡。你也可以把這些東西放在一般信件，但通常大家喜歡分開處理。

在休息或自由的時間才讀這裡的信，非多餘時間或沒事的時候也可以。當然，如果這類型的特定資訊十分重要或緊急，就移動到立刻回應——例如發展不動產或羅伯・摩爾的電子報。

・Dropbox

善用雲端平臺來儲存與分享檔案，特別是一些需要分享與遠距存取的檔案。Dropbox或WeTranser是最常見的平臺，也非常容易使用。你可以在世界各地分享或存取檔案、簡報投影片、大型影音檔案，完全不會受到地理位置的限制。

• 社群網站

把常用的社群網站應用程式都下載安裝完畢，並且在所有的設備上預先登入，做到便於使用，所以你能夠即刻回應、分享或行銷。請謹慎不要讓社群網站偷走你的時間，或者對社群網站成癮。

• 客戶關係管理

如果你經營商業公司或電子商務，必須做到遠端存取客戶關係管理與電子郵件行銷資料庫。大多數的線上服務都把資料庫放在雲端硬碟，所以遠端存取應該非常容易。無論在世上哪個角落，你都可以進行商務通話、送出電子郵件和從事行銷活動。

• 銀行

大多數的主要銀行現在都有推出高階的手機應用程式，可以讓你完全存取帳戶。花一點時間設定安全認證、付款人資訊與同步客戶身分之後，你就可以在世界上任何角落與其他人或公司進行付款、轉帳和確認收款等交易。加上電子簽名技術，你甚至可以用網路完成房地產交易。

在以前，款項交易是非常麻煩的苦差事，而且限制了人的自由。現在情況已經不同了。你可以在單一介面上處理所有的商業帳戶。房地產、商業合作、合資、即期存款、儲蓄存款等帳戶都在一指之間。就算你的現金儲蓄額度超過銀行的限制，也只需要去另一間銀行開戶就能解決了。

・電子商務

你也可以用手機應用程式使用PayPal或Worldpay等電子商務系統，就像行動銀行一樣。無論你在世界任何角落，都能夠接收款項，完成商品販賣。iZettle公司甚至提供應用程式與設備，能夠讓你的智慧型手機接受信用卡或簽帳卡付款。你的商業觸角現在已經可以拓展到全球了。

・有聲書與電子書

有聲書和電子書讓你可以在世上任何角落學習，無須把家中藏書帶在身上跑。Kindle, iTune與Audible等電子書系統，讓購買知識變得更容易，也可以把資訊儲存在雲端空間。無論旅行、健身、排隊、慢跑、獨自逛街，任何時間與任何地點，上千本書，信手拈來。

你也可以用錄音軟體取代傳統的筆記或錄音筆，再尋求外包將錄音檔轉換成文字，製作成商用指導文件或操作手冊。接著，你還可以尋找另一位承包商把所有的文字與影音資訊匯集在一起。現在已經有應用程式可以把照片上的文字轉換成文字檔，或是同步擷取你的螢幕畫面與聲音用來製作商業行銷投影片（gotowebinar.com）、會議文件（gotomeeting.com）或訓練教材（camtasia.com）。在世上任何角落，你只需要使用智慧型手機與應用軟體，就能做到這些事。

•辦公設備與伺服器

我個人創造彈性生活的方法是，敲開辦公室的牆，把空間還給我的員工。雖然我在一天之內只會待在辦公室幾個小時，但把我綁在辦公室的原因有兩個。第一，這件事非我不可。第二，我需要取用放在公司伺服器上的辦公文件。藉由遠端連線，只要有密碼與無線網路，就能在全球各地存取位於辦公室的伺服器了。如果你是偏執狂，甚至可以從遠端取得公司內部監視器的畫面，監控辦公室的電腦呢！

•密碼資訊安全保護

很少會有事情比在各個不同的網站與付款平臺輸入密碼還要麻煩。你知道密碼要夠好，否則會被輕鬆破解，但密碼越好代表越難記住。我們有兩個解決方法。第一，下載密碼管理與隱藏記錄用的應用程式。我使用的是mSecure，可以存放所有密碼、敏感資料、國民保險碼、護照號碼、房地產質押帳號、登入資訊、資產證明和各種祕密數字。使用手機應用程式的好處是所有東西存放在一個地方，在世界各地都能隨時取用。

第二種方法是使用自動登入軟體或瀏覽器的擴充套件。任何不重要的網站與登入資訊都可以安心使用這種方法，但不要用在付款平臺，也要確定自己在不同網站使用不同密碼，不能讓人有機會猜到密碼，即使你使用密碼管理應用程式也一樣。

‧遠距保全監控

如果你成功打造了理想的行動生活風格，很有可能會越來越常外出旅行，雖然這不是行動生活風格的必要條件。你也會越來越能夠決定自己想在什麼時間和什麼人一起去什麼地方。經常旅行的話，必須確保居家安全。善用特定的應用程式和服務，例如Control4，就可以完全體驗自動化的居家安全。你可以在房子內外安裝監視器，即使人在國外，也能經由手機或平板裝置存取監視器畫面，還能夠從地球的另一個角落打開家中的電燈、電視與音響，控制暖氣和門鎖當然不是問題，如果你想，還可以控制窗簾。

我一開始安裝保全系統的原因，只是出自於小男孩想要保護玩具的心情，但後來保全系統成為行動生活裡的珍貴環節。當你的淨資產提升而外出旅行的時間變多，可以試試升級家中的影音系統，接著是完整的保全。

②放手（交給團隊與人際網絡）

打造優秀的團隊並利用專業人才網絡的槓桿效果是實現生活槓桿哲學最重要的原則和捷徑之一。第十六章〈果斷放手，堅決說不〉可以提醒你打造專屬智囊團和發揮其槓桿效果的意義。

人際網絡會對你的淨資產造成直接的影響。俗話說，你花最多時間與五個人相處之後，他們五個人的總和就是你，你會成為第六個相同的人。觀察自己平常花最多時間與誰相處，並且策略性地決定應該增加與誰相處的時間，又該疏遠誰。必要的時候，離開你現有的人際網絡和交友圈。尋找新的人際網絡時，讓自己成為經驗最少或最不富有的人，你會很快被拉拔到與新朋友同樣的境界，成長的速度將快過於你持續和同樣水準的朋友往來。

我們都知道，剛開始創業的時候，如果沒有支持與指導，會非常孤獨而且極具挑戰。人際網絡的優點就是裡面已經搭建了有助於你事業和個人發展的槓桿，你需要任何東西或必須費時尋找的答案，都在人際網絡槓桿裡，隨時可以取用。建立人際網絡、發展關鍵的伙伴關係和友誼，永遠應該是你的關鍵結果領域與創造收入工作。

這些關鍵的團隊成員，可以幫住你做到最少的時間浪費，追求最大的收穫：

・個人助理和虛擬助理

聘請個人助理（或虛擬助理）是打造團隊的第一步，越快越好。你很快就會需要個人助理幫助你成長與達成夢想。創業家最常犯的錯就是窮忙。我還沒遇過任何一位創業家沒有經歷過瞎忙的階段。仔細回想起來，我交談或採訪過的每位成功人士，包括我自己在內，都覺得當初應該更早請人來幫忙。

在工業時代，要做到這個目標會比較困難，因為當時的人力成本和日常支出都比較昂貴而且還要考量你所在的地點。但在現今的資訊時代裡，你可以善用外包業務網站來聘請全球各地的人才。你可以支付月薪、週薪和日薪，或者按照小時與分鐘數來支付工資。你可以在世上任何一個角落，藉由手提電腦，將工作與特定事項外包出去，無須簽訂任何契約，只需要最低限度的投資，就能成功打造自己的團隊了。你不需要負責照顧他們的健康與安全，也無須擔憂工資與日常支出會過高，你還可以等到實際工作的時候才付錢，幾乎沒有任何風險可言。

你可能還不覺得自己準備好了，但現在就是好時機，上網看看外包網站，設定你的個人資料（或者，更好的作法是把設定個人資料這件工作也委外辦理），把一些小型工作外包出去，除了達到測試效果之外，這也是很好的起點。先把簡單的工作外包出去，或是你個人很不喜歡但不需要花太多時間處理的工作，例如撰寫逐字稿、製作簡報投影片、研究工作、尋找合適的應用程式、上網購買書籍和其他產品、預約旅遊行程、訂購交通票券、購買觀光勝地入場券、設定你的科技產品系統（可參考前面對行動生活藍圖的描述）、購買禮物、管理其他承包商、聘請清潔工、園藝工人等等，或者是替你處理網拍業務、建立網站、設計商標與品牌概念、安排導遊等。這個清單永遠列不完。

上述的工作都可以簡單委外，而且成本低廉。快速拓展事業規模的關鍵在於馬上行動。即使你覺得現在還不需要，或者自己能快速且不費力做完，但你現在的目的是要測試不同的承包人員、網站和平臺，找到最適合你的選擇。有朝一日，當你需要處理發揮槓桿效果的重要工作時，手上已經擁有適合的人選。到了那個時候，你一定會忙到不可開交而且負擔非常沉重，想要從頭開始找合適的外包人選，不但難度提高，需要的時間也會更久。如果你可以往前走一步，心裡稍微有些願景規畫，就能順利從無關緊要的小工作，進展為聘請好幾位專業的虛擬助理，替你處理事業的關鍵問題。這是生活槓桿的工作方法，可以保存時間，讓你專注在高價值的關鍵結果領域和創造收入工作。

你應該盡快聘請一位個人助理，在你左右工作，管理你的大小事。我認為好的**個人助理是最好的一種投資，他們會持續證明自己的物有所值，讓你可以專注擴展事業規模。**據說，理察・布蘭森聘請了五位個人助理，我個人則有兩位。坦白說，如果沒有他們的協助，我一定會忙得一踏糊塗。

發產房地產聘請的第一個員工是合夥人馬克的母親，凱薩琳。當時是二〇〇六年，虛擬助理的觀念尚不普及，也難以找到合適的人。凱瑟琳願意來發展房地產工作，當然也是出自於對兒子的愛。我跟馬克也因此得以節省成本支出，發揮槓桿效益。我們善用她的時間和她對馬克的愛，創造了槓桿效應。她在發展房地產工作了六年之後才退休。

發產房地產的第二位員工則是我的母親。她現在還在發展房地產工作，已經邁入第十個年頭。聘請母親之後，我們更常見面，這也是生活槓桿哲學給我的禮物之一。我們另外聘請了房地產仲介來負責購買物件，雖然基本薪水很低，但成交的佣金非常高。我們把房地產物件做為報酬，聘請了設計工作者、資訊工作者和一位能夠提供其他合約服務的人士。我們沒有辦法支付優渥的薪水，所以只能善用手上的資源，盡可能建立槓桿效應。就像火箭升空會消耗八〇%的燃料，最困難的地方在於剛開始要招募人才的時候。撐過了這個階段，你不需要多做考慮，只要一直專注擴張規模、聘請更多的優秀人才。

回首過去，我們的腳步還是太慢了。你可以善用我的經驗與失誤，發揮槓桿效應，避免我犯的錯。我們當初找得到人才，一起為了發展房地產的願景而努力，原因是他們相信自己是這裡的一分子。這個因素比金錢更重要，而許多團隊成員迄今仍然懷抱同樣的信念。你也應該善用願景的力量，搭起一座槓桿，脫離孤軍奮戰，與強大的智囊團隊一起努力。

• 營運經理

營運經理負責處理企業的日常運作。大多數的創業家都是非常糟糕的管理者，而且也不喜歡從事管理，然而這卻是個非常重要的職位，因此，你應該盡快找到合適的人選。你脫離管理日常經營越快，就可以越快專注在擴張企業規模、建立槓桿與提供服務上。聘請營運經理之前，發展房地產已經有十個員工。我個人認為員工人數滿五人時，就應該聘請營運經理。如果我們可以早點聘請營運經理，也許可以減少成長的痛苦，避免失去幾位重要成員，減少當時天崩地裂的混亂狀態。

你應該立刻開始提醒員工，讓他們知道在未來的某一天，自己必須負起營運的責任。走入他們背後，讓他們比你顯眼，讓他們能夠在現階段的角色裡慢慢學會營運。如此一來，你可以更快完成企業轉型並且留住原本的員工，對團隊多數成員來說，這是非常重要的職涯發展過程。

你應該持續尋找傑出的人才。發展房地展永遠都在徵才。我們聘請人力仲介尋找優秀人才。如果找到優秀的人才，即使目前公司沒有空缺，我們仍然會邀請他前來面談。職缺與徵才之間的關係並不像白天與黑夜。找到優秀的人才，就要想辦法留住。在公司裡找出適合他的位置，但你必須讓團隊成員熟悉你的徵才策略，才能阻止他們竊竊私語或擔憂自己的工作不保。無論你去哪裡，留心注意優秀的人才，咖啡廳、購物中心、房地產仲介或汽車經銷商。只要用心注意，肯定會有收穫。

•管理總監

管理總監和營運經理的角色略有不同，前者更重視策略與規畫願景的能力。在英國，管理總監與執行長的角色相當類似。在美國，執行長則是層級更高的願景規畫者。發展不動產的營運經理學會更具策略性的技巧和願景之後，我們將她升職為管理總監。你可以從企業內部提拔某人擔任管理總監，或者直接聘請專業人才進入你的企業。管理總監會從你身上學到許多願景與策略，解放你的時間與心思，減少企業過度仰賴你的情況，妥善地替你經營。管理總監是企業裡的另一位策略專家，能夠與你討論，發展出更好的願景與方向，共同完成目標。雖然營運經理可能會升職成為管理總監，但兩者完全不同，因為管理者與構思者是兩種截然不同的工作。

現代商業世界的起步速度非常快，你必須在剛創業的前五名員工裡，馬上聘請營運經理或管理總監。以傳統的角度來說，你可能會希望建立基礎人員與技術人員的茁壯底層結構之後，再聘請高層次的管理人員。但我個人認為，如果你的企業發展平衡，沒有頭重腳輕或頭輕腳重的問題，規模會發展得更好，服務更多的人。

•專業人士和技術人員

最好的團隊應該包含一位願景構思者、幾位高層次與高技巧兼具的管理者和策略規畫師，以及最棒的技術人員與專業人士。聰明的會計師、律師、仲介商、行銷專家、銷售人員、幕僚和顧問共同組成的團隊，可以在最短的時間，用最少的浪費，創造最好的結果。聘請最傑出的人員，確實會增加支出，但你的收穫會倍增，機會成本也非常低。絕對不要妥協，只聘請最好的人才，用他們獨一無二的專業能力，建立你的槓桿。

・財務金融專家

你的現金流與金融關係越好，企業規模的成長就會越快。為了推動企業成長，你必須投資房地產、打造資產組合和獲取通往各個金融圈的管道。你沒有辦法在商業世界的後期遊戲裡單打獨鬥。當然，你可以只打算擁有一間私人企業，但即使就算如此，你仍然要把盈餘轉作投資，才能永續經營，而投資就是一種金融運作。

所以，你必須與銀行、合資合夥人、私人貸款投資人、群眾募款專家、天使投資人、超級富豪、個人服務或精品投資金融單位打好關係。將這件事情列為最高優先的關鍵結果領域，確保你的金融管道能夠橫跨諸多平臺與機會，才能讓你的企業順利擴展規模。

③服務的願景

彈性生活藍圖的最後一個環節是經由服務的願景而得到財富（傳承）。這個部分將討論如何讓資產創造非勞動收入，再用非勞動收入來資助你的願景與傳承。如此之外，你也會學習如何多元應用財富，使財富長久、受保護和產生複利效果。有人仍然認為，時間一久，金錢根本不重要，生命裡最重要的是自由。他們的想法錯了。在法定貨幣作為全球交易機制（或通貨，包括紙鈔與硬幣）的資本主義社會裡，你只能欣然接納這種普遍法則，讓它替你工作，或者拒絕它、對抗它，最後成為它的奴隸或受害者。

•財富方程式

想得到更多財富以實現願景和創造傳承，就必須遵守金錢和財富的法則。賺錢之道，取決於你如何服務他人並且為他人解決問題。因此，你如何實現服務願景，會決定你擁有多少財富。找出你如何服務他人而滿足個人的財務需求與目標，就能破解財富密碼。財富的背後藏著一個法則。有錢人知道這個法則，而且發揮了槓桿效應，窮人則是這個法則的受害者。

不珍惜財富的人，財富會從他手中悄悄溜走，溜到珍惜財富的人手上。財富永遠匯聚在熟悉財富法則的人身上。財富方程式其實非常簡單。雖然我提出了以下的財富方程式，但這個方程式的基礎，起源於偏執與狂熱地研究歷史上最富有的人，因為我是歷史的熱情愛好者。

財富方程式：

W = (V+E)×L

財富＝（價值+交易）×槓桿

・價值（V）

價值就是你提供給別人的服務。如果你服務了其他人並且解決問題，他們會得到價值或益處。他們願意付錢，而且想要更多的價值和益處，或者把你推薦給其他人（進而創造槓桿效應）。人希望解決自己的問題，可以更快更輕鬆地協助他們解決問題，就能創造你的價值。如果，你仍然因為財務狀況或低落情緒而費力掙扎，請把目光放在如何服務他人並且解決他們的問題。如此一來，你就擁有了財富方程式當中的一個要素。

・交易（E）

交易讓你獲得金錢。你必須給予或提供一項產品、服務或觀念，而另外一個人願意付錢購買。你接受別人用財務或其他形式的公平代價來購買你的產品，並且心懷感激。光是擁有價值，但沒有（公平）交易的話，只有給予（付出）而沒有收穫，會導致財務的空缺。罪惡感、缺乏自信與被強迫接受的宗教習俗和社會觀念，造成交易的單向化並且無以為繼。如果你持續付出，但沒有得到公平交易或回饋，會引發憤怒，減少價值生產。長期缺乏公平交易，財務狀況會變得惡劣，使人無法繼續創造價值。

•槓桿

槓桿是提供服務和解決問題的規模和速度。你服務越多人，替越多人解決問題，交易價值與規模就會越好。你解決的問題越大，交易量也會提升，而問題的規模和大小，也會影響交易的公平程度。唯有在價值和公平交易兼具的情況下，你才能發揮槓桿效應並且增加財富，無法提供服務與解決問題都不會帶來成長，或者說，只會有負面成長——例如造成名聲受損並且無法持續經營。

讓我們再看一次財富方程式：

$$W=(V+E)\times L$$

財富＝（價值＋交易）×槓桿

獲得他人的推薦，象徵你的槓桿運作得非常有效率，例如在電視與其他觸及率相當廣泛的影像媒體上發揮了良好的槓桿效果。槓桿撐起了你的（價值＋交易）。

在光纖網路的世界裡，你的（價值+交易）可以發揮光速般的槓桿效果。你可以在Youtube上獲得一千萬次瀏覽，成為社群媒體的新寵兒，甚至獲得國家或全球電視新聞的報導。一對多的觸及方式可以創造巨大的槓桿效果。

就算擁有價值與公平交易，但如果沒有槓桿，財富方程式就不成立。你可能擁有價值與槓桿，但沒有交易，也無法取得財富。得到交易與槓桿，但不能創造價值的話，自然沒有辦法長久維繫財富。無法創造價值的惡名會產生負面槓桿效果，因而方程式會重新平衡，財富逐漸減少。

請重視財富方程式與財富法則，即使沒有辦法立刻看見財富，也要繼續堅持，一路上請保持謙卑，你終會得到一大筆長久可觀的財富。

・資助你的傳承

你需要這些財富形式來資助你的傳承。

・現金流

現金流是指持續流動的金融收入。現金流可以用來循環支付固定成本和日常支出。無論薪資、利息、（專利權）版稅、佣金或者定期的股利，只要任何穩定的收入，對於長久運作的財富來說，都非常重要。做好收支控管，讓支出低於現金流，就能持續追求願景與傳承。你應該想辦法依序將收入來源系統化，藉此創造多重現金流。現金流來自於時間投資所創造的資產（房地產、商業、音樂或智慧財產權版稅），或者是時間支出所創造的非資產（工作、自立門戶工作者或加班）。

•資本

資本是指現金或同值的「物品」。資本的流動性較差，可以用來處理分期付款或作為資產擔保品。資本保護你免於受到資產價值波動及利率調整而造成的損失。資本是一道安全防衛，能夠減少債務比，同時也是你的積蓄。但資本不能用來支付每月的定期開支或其他一次性的支出。至少，你不應該這麼做。你該用盡方法來保存資本，使資本成長，增加財務安全與淨資產，具體方法則是儲蓄與投資積累後的資本，用現金流來處理日常生活的持續開銷。

資本的形式包括現金儲蓄、股票、房地產投資、退休金與股份。如果資產的規模夠大而且善加維繫，也能創造收入。房地產可以帶來租金，儲蓄創造利息，退休金每月發放，股份則會衍生股利。善用資本打造資產、創造收入之後，你便能精通建立財富的方法。然而，倘若你用資本來處理債務或支付每月開銷，很快就會損耗殆盡。你不該用薪水來建立資本，而是要用存款和股票利息、買賣房地產和企業股權，或者把可支用收入存起來。

・淨資產

淨資產是對你個人資產總價值的評估。所有的資產價值，扣掉所有的負債與應付帳款之後，就是你的淨資產。這個數字用來評估你追求財富的進展。人無法主宰自己不能衡量的東西，所以你現在就應該開始衡量淨資產，因為這是你的財富關鍵績效指標。就算現在的淨資產是負數也沒關係，從現在開始做起，做好投資、打造資產和保存資本吧。

・實體資產

實體資產是指有形體的物質物品，例如黃金和貴重金屬、經典汽車、懷錶與手錶、珠寶、藝術品、名酒以及古董。任何會升值的物質品都是實體資產。愛馬士手提包和特定古董家具也因價格升值而備受人知。你可以把部分財富投入到實體資產，藉此迴避各種極端情況，例如貨幣貶值、戰爭、恐怖攻擊、內戰和法律問題。同時投資實體資產與無形資產可以做到避險效果。使用多餘的現金、剩餘的資本和可支用的收入來購買實體資產。你也可以結合消費的熱情與投資的專業，例如購買正確的手錶、珠寶和其他實體資產，將支出轉換為投資。我一直都很喜歡手錶，而這份熱情意味著我也十分享受學習手錶的知識，知道哪些稀有錶款會升值，因而名正言順地購買了能夠保值甚至升值的新手錶。

•非勞動收入

非勞動收入是指資產帶來的現金流。你不需要為非勞動收入付出任何勞力。你不需要努力工作來賺錢，你讓金錢替你工作。你藉由仲介、管理人與各種系統，進行資產的系統化管理，並且以現金流的形式得到淨利潤。非勞動收入雖然是現金流，但不需要你的付出才能「賺得」，而是因為槓桿效應而產生。版稅（音樂、書籍或智慧財產）、你不再親自經營的企業、出租的房地產、儲蓄利息所得、股份與股票所得、代理權等，都能創造非勞動收入。

•生活槓桿與彈性生活藍圖

你現在可以效法這張完整的藍圖、模型和系統，創造最大的槓桿效應與行動力，能夠在你喜歡的時間，與你喜歡的人，做你喜歡的事情。現在就開始動手吧。做好藍圖裡的每個細節，善盡自己的能力，發揮最大的槓桿效應，制訂計畫與時間軸，訂為關鍵結果領域，務必以生活槓桿的方法，具體實現這份藍圖裡的每個層面。

用你自己的方法與想法，還有生活槓桿的方式來實現生活。創造能力範圍之內的最大改變，服務最多的人，留下美好的傳承。

摘要

一步一步遵守自訂的生活藍圖，創造理想的行動生活風格。

如果藍圖裡有任何事情對你來說很困難，就採取委任外包的方式處理吧。在未來的四個星期，請你做到每個環節的要求，才能事半功倍，將「生活槓桿」哲學作為你的新生活方式。實現你的潛能，完成你的夢想，擁有你的渴望，絕對不要浪費任何時間。

24 更多讓生活平衡的祕訣

這些技巧讓你得到最大的複利效果。你可以說這是生活槓桿的祕訣——最好的生產力加上最大的時間保存。

學會使用觸控板

根據《每日郵報》報導，上班族一天花在電子郵件上的時間是兩個半小時，一年就是八十一天。

《電訊報》指出，人類一生平均要輸入超過兩百萬字。因此，使用觸控板是所有人都需要學習的生活技巧，可以藉由一個小小的投資，節省好幾年的時間。如果你的輸入速度從每分鐘三十字提升到六十字，一生就能輸入四百萬字，多出兩百萬字，這是四十本書的字量！假如你是作家，就可以額外出版四十本書，還能夠因此賺取百萬版稅。學會使用觸控板，可以在非多餘時間裡寫作。就算輸入速度只有一半，總計是一百萬字，在每分鐘三十字的速度下，還是節省了五百五十六小時，總共二十三天的時間。

現在開始練習使用觸控板吧。上網學習，購買教學書籍或聘請教練都可以，趕緊行動。

◎學習第二外語

學習另外一種或多種語言，已經比過去容易了。假如英語不是你的母語，你應該要把英語當成首選，畢竟大多數國家都通行英語，而且許多商業大國也都是以英語為主要語言。然而，隨著世界改變，中國已經變得更有主宰力，也許在未來，英國人與美國人學習中文的情況，會像現在的中國人學習英語一樣。

找一份語言學習有聲書，獨自開車與非多餘時間（排隊、散步和健身房），就能把握時間學習。不需要分分秒秒都專注記憶內容，只需要當背景音樂播放，讓教材進入到你的潛意識。

讓我分享一個有趣的小故事。海蒂是這本書的責任編輯，她非常有效率，修訂打字錯誤，拿掉大部分的發語詞。海蒂質疑用有聲書學習的看法。她說：「身為語言老師，我必須提出一點不同的想法。面對面學習語言已經被證明是更好的方法，勝過錄影帶或CD。因此，在這段文字裡，你應該強調CD在家裡或車上可以扮演強化記憶或練習的工具。」

但我的看法是這樣：你可以選擇完全不學習任何語言，讓腦袋慢慢變得遲鈍，或是面對面學習語言，花費數年時間，精通該語言，你也可以用非多餘時間學習一種語言，但繼續保有自由時間。

前往當地旅遊時，那些閒暇時間學到的語言就能派上用場。非多餘時間的生活槓桿效應重點在於事半功倍，而不是用原本沒有的時間來做完另外一件事。

學會速讀

想要增加兩倍或四倍的閱讀速度非常簡單。有些速讀者一分鐘可以讀一千五百個字甚至更多。市面上有許多速讀的教學課程與書籍，立刻投資自己，學習速讀，至少加快兩倍的速度吧。

根據goodreads.com的調查，一般人每天的平均閱讀時間是一個小時。假設一般人每分鐘可以閱讀四百個字，也就是一天會閱讀兩萬四千個字，但這個數字無法包含電視、新聞與生活裡接觸到的字。人類一年的閱讀量是八百七十六萬字。某些資料來源認為人類一天接觸的單字大約只有三百字。在這個議題上，我採取比較樂觀的看法。

把生活槓桿應用在速讀上吧。如果可以提高閱讀速度兩倍，這個速度能輕易維持85%的記憶率，每天就可以額外閱讀兩萬四千字，等於一年額外讀了一七五本書，或四十年讀了七千多本書。很棒吧，你應該盡快學會速讀。

以下是快速適應生活槓桿的訣竅，一天用幾分鐘的練習時間，迅速做到兩倍閱讀速度。

①不要在腦海裡重複讀到的字

絕、對、不、要、在、腦、海、裡、像、講、話、一、樣、把、字、讀、出、來。雖然這需要一點練習，但可以加快閱讀速度。

②不要反覆閱讀同樣的字句

這會浪費許多閱讀時間。相信你的潛意識，它可以記住連你都沒有意識到的資訊，只要持續閱讀就對了。

③視線掃描法

用整個視線範圍，把整句話看成一個整體，不要像提詞機一樣把整句念出來。這個做法可以讓你更快吸收內容。當你不再繼續讀字，就能像電影《霹靂五號》的機器人一樣吸收整本書籍。

雖然我不是速讀專家，這些技巧只需要幾分鐘練習，讓我的閱讀速度提升了兩倍。

○用兩倍速度聽有聲書

用兩倍速度聆聽有聲書帶來的兩倍複利效果，也許是非多餘時間的槓桿可以創造最大好處之一。我從來不是一個聰明的讀者，也不喜歡閱讀。二〇〇五年底，我開始讀非杜撰類的個人成長作品，而這個習慣改變了我的人生。

隨著你越來越喜歡學習和閱讀，世界也會為之敞開。你才剛讀完一本書，瞬間又在亞馬遜書店買了四本，藏書量變得越來越大，很多書還沒開始讀，也有很多書讀到一半了。這個情況很快就會造成負擔。你必須每天找出時間看書。雖然閱讀絕對是重要的關鍵結果領域，但除非閱讀是你的最愛，否則始終需要花費時間。

你可以利用非多餘時間聆聽有聲書。健身、旅行、在家休息、寫作、上網、使用社群網站、烹飪、清潔和使用洗碗機的時候，一邊傾聽珍貴的教育題材，可以直接影響你的潛意識，也能夠養成習慣。這種作法已經很好了。但某一天，我注意到了兩倍速度的按鈕。iTune與Audible播放器上的小按鈕，提高了播放速度兩倍。一開始，我沒有辦法聽懂，感覺就像快轉。所以我開始用簡單的書籍、概念書或者讀過的書做練習，訓練我的頭腦接受這個速度。過了一陣子，我已經習慣兩倍速度，一般的速度聽起來就像作者出了什麼問題。

在非多餘時間裡聆聽有聲書，雙手可以空著做別的事情，你也可以同時影響潛意識，讓它追求成功。從去年的一月到十一月中，這個小小的非多餘時間技巧，讓我聽了一〇九本書，平均每本書的時間是五小時，等於五四五小時的學習時間，沒有額外的時間浪費。請你也開始使用這個方法吧。如果你正在閱讀這本書，也可以考慮從iTune與Audible下載電子書的版本。

跟小孩一起聽有聲書

你可以用非多餘時間的有聲書策略陪伴小孩。帶他們上學時，在車上聆聽有價值的學習有聲書。帶著巴比時，我在車上聽高爾夫，我想這也是四歲的巴比已經有足夠的水準可以參加七歲級高爾夫球世界比賽的部分原因。這對小孩來說是莫大的禮物。趁早開始，他們比較容易接受。

將支出化為投資

如果你可以把支出的習慣轉為投資，就可以發揮80／20複利效用，節省且創造的金額，可能高達數十萬甚至數百萬，還能擁有大多數人都沒有的珍貴生活技能。

思考一下你浪費錢買回來的東西，現在開始用投資者的心態和策略來決定每次的購買。

幾乎對於任何不會徹底消失的實體物品，例如車子、手錶、手提包、珠寶、衣服、家具、影音設備甚至假日旅遊行程，都可以用以下五個步驟進行思考：

步驟一：不買這個東西的話，我可以得到什麼？

你真的需要嗎？這是必需品嗎？還是只有你自己覺得珍貴？或者這是滿足虛榮心與其他情緒的東西？你能夠放棄只有短期價值，甚至沒有價值的支出，把金錢花費在最高價值的東西上嗎？如果心有疑慮，就不要購買。

身為改過自新的購物狂，我學到了一件事：把當下想購買的物品型號或設計款式記下來，回家時再上網好好瀏覽一番。接著我會開始思考「我真的需要這個嗎？」、「我有沒有買過相似的東西，卻從來沒有用過？」、「我這三年之內會想要用這個東西嗎？」、「這個購買決策決定符合80／20原則嗎？」

回家之後，我也會開始尋找更好的購買條件並且開始省錢。或者，我可能只是想要，但不需要，而這樣的心情在回家之後就消失了，於是我放手不買，替自己節省了一筆錢。

善用這些問題，可以在一年之內替你節省好幾千英磅。在往後的人生裡，這幾千英磅會因為複利效應成為幾百萬英磅。

步驟二：我能不能買到位於二手貶值曲線最低點的中古商品？

我很喜歡手錶以及聆聽高品質的音樂（雖然我的音樂品味非常糟糕）。對我來說，購買手錶與音響設備是很重要的價值，可以讓我得到長久的快樂。但這兩種東西都非常昂貴，如果不善加考慮，真的會燒掉你的存款。

我坐在這裡寫書的同時，正在用高檔喇叭聆聽前衛搖滾樂團的作品。美極了，聲音充滿細節，音場深邃而聲線分明。這對喇叭的新品要價兩千英磅，但我購買二手品只花了九百英磅。我已經決定要把這對喇叭以七百英磅的價格賣出，省出空間，迎接另外一對喇叭。新喇叭的新品售價是六五〇〇英磅，我購買了使用約一年的二手品，價格為三五〇〇英磅。

表面上看起來，舊的喇叭似乎讓我損失了現金，但當你仔細分析數據時，就會看到不同的情況。實際上，我擁有這對喇叭的這一年來，只花了兩百英磅，它們給我無盡的快樂與價值。這對喇叭原價兩千英磅，但我每天使用這對喇叭的代價是五十五便士，而光是一天花在咖啡上的金額就要八英磅。如果當初我買的是全新品，同樣擁有一年之後再轉賣，實際的花費大約變成八百到一千英磅。喇叭播放過一陣子之後，聲音的品質會比全新品還要好，所以二手售價還有一千英磅很合理，而擁有這對喇叭一年的代價是每天五十五便士。我只用了一半的金額就買了新喇叭，享受前所未有的體驗。每半年，我會查閱喇叭的現值，如果跌得太多，我會賣掉之後改買其他跌得更凶的喇叭。這種購買策略可以應用在eBay或者其他網路拍賣上的二手商品。

我也可以用四分之一的價錢，以五百英磅購買一對全新的喇叭，聽了一年之後，再以兩百五十英磅的代價賣出。但這對喇叭的品質肯定較差，擁有一年的成本則多出了五十英磅，所以不是經濟首選。你可以購買更好的物品，得到更美好的體驗，同時保存更多現金，不會因為貶值而承受太多損失。

步驟三：我能把它變成資產嗎？

當你購買的東西可以升值，像是手錶、珠寶、藝術品或古董，就提升到了投資的等級。我還沒發現任何喇叭會升值，但我熱愛音樂和「將支出轉變為投資」，因此我會持續觀察和學習。大多數獨特或熱門的物質商品都可以保值或升值，例如愛馬士手提包或者原創的設計家具。

如果你購買鋼製的勞力士帝通拿手錶，就算是全新品，也會因為時間而升值——勞力士的其他型號、百達翡麗與近年竄起的新興限量品牌愛彼等都是如此。二手帝通拿的價格大約是一千英磅，戴上美麗的手錶，能夠給你額外的人際網絡與形象好處，保護現金不受通貨膨脹傷害，更能獲得7%的價值成長。

我最近買了一支二手的帝通拿手錶（一九七九年生產，為我的出生年份），價格是兩萬五千英磅，但沒有附證明文件。一九七九年時，帝通拿手錶的售價大約是兩千英磅。換言之，這支手錶的現值成長了。如果賣家提供了證明文件，售價就會變成三萬英磅。如果帝通拿的歷史錶款可以升值到這個地步，那麼你手上的帝通拿，也十分可能產生同樣的升值效果，雖然這種事情沒有百分之百的保證。比較帝通拿、奧美茄或百年靈的手錶時會發現非常有趣的事情。假設奧美茄或百年靈的基本錶款售價為三千英磅，帝通拿則是八千英磅。在三年之內，奧美茄與百年靈手錶市值會變成一千兩百英磅至一千七百英磅，而帝通拿則是七千英磅至七千五百英磅。帝通拿的資本需求雖然較高，但實際上在三年之內卻只讓你花費了三百到一千三百英磅左右的成本。你擁有帝通拿手錶的時間越久，就會發生更進一步的複利效應。十年內，百年靈與奧美茄手錶的現值大概只會剩下四百英磅到八百英磅，帝通拿則是九千英磅到一萬英磅。因此，擁有這些手錶的成本差距是三千兩百英磅至四千六百英磅。

步驟四：我能不能在這個東西貶值前賣掉或交易？

每六到十二個月，就要察看手上高價物品的現值。使用二手交易網站、交易公司或網路進行搜尋。購買時記得在加密的資料庫裡記錄所有東西的購買成本，立刻做比對。這個小動作可以達成雙重非多餘時間的效果。第一，你持續學習投資方法。第二，你不需要花額外的時間，追蹤物品購買的時間與金額記錄。

如果我原先預期某支錶會保值或升值，但它的價格走勢逐漸疲軟，我會決定賣出。如果我有更多交易選擇，就會選擇交易。假設當時發生匯率動盪，我就會把手錶賣成英國貨幣，再購買美元進行匯差套利，反之亦然。如果購物、情緒與成癮心態壓垮我，我會花時間研究之後，購買兼具美觀與保存資本功能的手錶，可能還有機會升值。這就像是一邊吃冰淇淋一邊減肥一樣！

步驟五：擁有這個東西的最低成本方法是什麼？還是我應該選擇融資？

你一定聽說過有些人只用信用卡買東西，另外一些人只有在身上有足夠的現金時才會買東西吧？有些人總是融資，另外一些人則是只花費積蓄。哪一種做法才是對的呢？其實要看情況。

你應該仔細思考完整的成本，包括資本成本與融資成本。無論你的心態是購買或投資，都一定會產生機會成本。這筆錢可以在別的地方創造收入。使用融資方法時也必須承擔相關的手續費用。融資的手續費與提前清償的手續費通常很高，如果加上原本的利息，融資的實際支出遠比表面上的還要高。

購買汽車可以作為相關的討論例子。假設某間汽車製造商因為獲利太低而產能過高，決定提供租車服務。你可以用每月不超過兩百英磅的價格（含增值稅），租到價值兩萬到三萬英磅的汽車，也可以用每月三百五十英磅至五百英磅（含增值稅）的價格，租用價格五萬英磅的汽車。租賃的時候可能還會有一些準備費用，而且必須選擇一般租賃、聘用、商用或自用等類別，所以你一定要先做好功課（或者把資料搜尋的工作外包出去）。當然，總會有一些方案比較優惠，但車型可能是停產車或名聲不好的車，例如曾鬧出排放醜聞的福斯汽車。

以價值五萬英磅的車來說，我們必須先考慮車款，假設這臺車在兩年之後的現值只剩下三萬英磅，跌價兩萬英磅，加上你的維護保養費用、賣車的成本、將資本投入汽車所造成的機會成本損失。在現實生活裡，考慮到所有環節，這臺汽車一年下來的花費大概是一萬五千英磅。

再假設同樣的車型也有提供租賃或聘用，但必須繳交五個月的預先費用，租用兩年的成本會變成一萬四千五百元，但不會造成實際資本投入，也沒有貶值問題，更沒有賣車的銷售成本。這樣一年的花費是七千多英磅，剛好是購買該型號汽車的一半左右。

假如利息提高，所以租賃費用變成一千英磅，你必須重新計算相關價錢。仔細計算之後，你會發現租賃還是稍微便宜一點。

如果你購買五萬車種的三年中古車，價格是二萬五千英磅。同樣擁有兩年，中古車的成本會比新車低。首先，中古車的貶值比較慢，總計是七千五百英磅，一年就是三七五〇英磅。假設資本成本是5%，兩萬五英磅的車，資本成本就是兩千五百英磅，賣車成本是兩千英磅，但保養成本因為車齡而較高，假設是兩千五百英磅。在這個例子中，中古車的兩年成本是一萬四千多英磅，剛好跟租車的成本一樣。

我可以討論更多實際購買成本，例如保險成本、融資購買二手商品的成本、儲藏與安全的成本，但我們的重點很清楚：購買或投資時，永遠都要注意真正的總成本以及融資成本。這些成本會藏起來，所以你必須非常小心。如果你熱愛投資，一定能夠結合熱情與專業，進行縝密的分析。假如投資不是你的嗜好，就把分析過程外包出去，詳細閱讀其他人的分析成果就可以了。

學習飛行

特定的興趣會有助於生活的所有領域，例如賽車執照、魔術、喜劇或學習另外一個嗜好。小時候看過影集《飛狼》之後，我就非常想要學習開飛機。那是一個夢想，我從來沒想過會變成真的。感謝發展房地產與生活槓桿哲學，我終於成為合格的直昇機駕駛員。成為直昇機駕駛員給我無盡的快樂和內在價值，完成了孩童時期迄今的（幼稚）夢想。遇見很好的人，與有錢人、聰明人和成功人士共同組成高水準的夢幻人際網絡，還學會了罕見的技能而且非常有自信，但我可能也有些自戀。

對你來說，學會開直昇機的好處可能不多，但如果你想學，就從現在開始。如果經濟能力不允許，慢慢學，不要急，也許有人會送你飛行學校的課程。如果你喜歡其他能夠發揮生活槓桿效應並且具有內在價值的事情，也從現在就開始追求吧。藉由事業與人際網絡互惠，現在就能實現自己的夢想。

我另外一個夢想是成為世界紀錄保持人。這個世界上總是會有相當奇怪的紀錄。我想找出別人沒興趣的項目，我就能夠創下紀錄。但我失敗了，原來這世上還是有相當多的硬派人士，我跟本無法競爭。我後來發現，世上最長的演講紀錄時間是三十七個小時，於是我拿下了這個世界紀錄！我真的很愛講話，未婚妻常說我絕對不是「世上最長聆聽他人說話時間」的紀錄保持人。我現在握有兩項世界紀錄。第一，單人最長演講時間（五十二小時）與團隊最長演講時間（一百二十小時）。

我相信這些紀錄已經被打被了，但創紀錄的過程中，募得十四萬英磅的慈善款項，捐給我們最喜歡的慈善單位「蘇萊德照護中心」。我拿過兩個世界紀錄，除了作為茶餘飯後的話題之外，還讓我看起來比較聰明。這是很好的非多餘時間的生活槓桿妙用。我們還錄下長時間的演講內容，未來幾年可以重新修正、包裝並且發揮槓桿效用，製作成影片或有聲書。我在本書也提出過同樣的概念。熱情與職業、工作與假期能夠為了其他人的好處而結合——生活槓桿哲學就會產生效用。

摘要

善用生活槓桿祕訣，例如學習使用觸控板、加速閱讀、用兩倍速度聽有聲書或學習新語言，都可以幫助你做到最好的時間保存，你就能專心發揮最大的生產力。

把消費轉成投資，購買能夠升值的產品，達到財務槓桿的最大化、降低現金貶值風險，並且滿足你的上癮情緒。

你可以一邊享樂一邊變得富裕。你甚至可以找到時間，學習不曾奢望的夢幻嗜好，像是開飛機或浮潛，還能結合熱情與專業，邁向願景。

25 生活瑣事也可以外包給別人做

這是我最想寫也最為之興奮的一章，很適合作為《生活槓桿》的結尾。謝謝你走了這麼遠，對我來說意義重大。如果我在二十五歲之前，就能學會個人生活槓桿，我的人生早就可以得到更多自由、選擇、時間和收入。趕緊設定你的目標，把其他生活瑣事通通外包出去。所有花費、浪費時間的事情，現在就要立刻外包。你永遠找不回被瑣事消磨的時間，也會因而減少80／20複利收益的效果。

以下的生活瑣事，應該立刻外包出去，節省時間，增加你的創造收入價值：

- 家庭整理與煮飯
- 園藝
- 清潔

- 燙衣服
- 買食物
- 整理剪報、處方簽和收藏品
- 上網購物
- 預約旅遊票券（飛機、火車或其他交通工具）
- 開車
- 擷取CD內容與備份檔案
- 親自製作教學手冊或進行複雜的資料研究
- 保險續約與更新地址
- 汽車保養、累積里程、送東西
- 帶小孩
- 支付帳單

大多數的個人工作與瑣事，都在阻礙你追求成功，而大多數的人為了致富都太過努力。燙衣服、清潔、園藝、開車、煮飯、家務事、保養汽車、逛街購物都不會創造任何收益，只會占用時間。除非你很幸運，丈夫或妻子能做這些事情，也樂於為你做這些事情，否則你在一個星期裡，必須用十到二十個小時，從事這些浪費時間或支出時間的工作，原本想要節省幾英磅的支出，最後卻失去了好幾千英磅。

一位百萬富翁的平均工作時間價值（創造收入價值）大約是一小時五千英磅，甚至更多。所以，如果他花十到二十小時做低階工作，就會造成五萬英磅至十萬英磅的機會成本損失。但這些工作的外包價格，可能只需要每小時十英磅或二十英磅。

許多人以為，百萬富翁擁有奢華的生活服務，是因為他們擁有百萬財富，但真正的原因是他們懂得珍惜時間，只做最重要的創造收入工作，外包其他瑣事，發揮槓桿效應。

把生活裡的阻礙，以及所有創造收入價值偏低的事情都外包出去，除了增加個人成長之外，也可以改善經濟市場與增加當地就業機會，服務更多人，匯聚更多的善意，而付出的金錢也會回到你身上。

請開始選擇必須外包的事情，但不要覺得這是享受奢華，這是生活的必須。一開始，你或許只能聘請家庭成員，節省金錢和時間。我的母親是家中的廚師，這樣也很好。她受過專業訓練，廚藝十分好，我的孩子也能每天與祖母享受珍貴的天倫之樂。將來的某一天，我們可以賺回更多的時間。我也很高興能夠付薪水給母親，把錢留在家裡，還可以保存珍貴的時間。不過，我並沒有讓未婚妻琴瑪負責燙衣服，反而買了很多手提包送她！

感謝一路上曾幫助我的每位導師。感謝我讀過的書籍作者，謝謝你們如此照顧別人，願意分享知識，來幫助別人。感謝每一位擁有熱情與勇氣的人，謝謝你們想要教導與幫助別人。這一切，點滴在心頭，再加上我個人十分瘋狂有趣的成長過程，才會建構出嶄新的生活槓桿哲學。未來的事情，沒人說得準，也許這會掀起一場革命！

如果我可以結合熱情與專業，職業與假期，你也做得到。你可能不喜歡花半年時間來環遊世界，或者在兒子參加高爾夫世界賽的時候，待在一旁用完全同步化的智慧型裝置工作。無論你熱愛什麼事情，都可以在任何時間，在世上任何一個角落，做你熱愛的事情。你可以夏天時待在家裡，冬天時前往世上最溫暖漂亮的地方過冬，只要你願意。

你也許不想打破世界紀錄、經營好幾間公司、擁有幾十個員工、負責經營幾千萬英磅的資產或者擁有好幾百間房子。無論你想要什麼樣的財富與收入、規模與自主，你都做得到，只要你願意。

你可能已經有了幾個可愛的孩子，想要無時無刻陪伴在他們身邊，或者你想要用更多時間，生育更多可愛的小朋友。你也許還想追求最大化的自主地位。你可以做到任何喜歡的事情，只要你願意。你可以選擇回饋社會或獨自擁有、創造財富或創造改變、努力付出或輕鬆寫意，只要你願意，一定做得到。

依循本書提出的觀念、策略、方法、系統與藍圖，你可以成為心目中的目標，你可以做到一切，也能擁有一切，鼓舞許多人，也能服務許多人。

祝你好運，請隨時讓我知道你的進展如何。

摘要

個人工作和瑣事妨礙了你的成功。這是事實。找人來替你燙衣服、買食物、打掃、處理園藝和開車，你便能專注在更重要的創造收入工作。想要節省外包工作的支出，實際上會造成幾千英磅的損失，只要想想你錯過了多少創造收入工作就會明白了。

請現在就開始外包工作吧。例如，三件襯衫的乾洗費用是五英磅，可以節省五十一分鐘。如果你決定送洗，就能找回人生的七個月時間，而成本只需要五英磅的「投資」。在這五十一分鐘，你也許可以做完四到五件商業交易。一切都來自於五英磅的投資，前提是你必須睿智使用時間。一切取決於你是否願意。

〈後記〉開始制定你的生活策略吧！

知而不做，是謂無知。

現在你已經擁有很好的知識，可以開始行動，為了事業與快樂而實現生活槓桿哲學，結合工作與假期，熱情與專業，做到事半功倍、外包大小事，實現理想的行動生活風格。但你當然也知道這不是終點，而是起點。剩下的，全都看你自己了，所以起身行動，開始改變吧。

我希望以後可以多跟你聊聊，讓我聽聽你的行動、槓桿與成功等等故事。成事在人，我們只能盡量而為，但我相信你，你是一個行動家，不會只說空話。

努力很簡單，放棄也很容易。

我希望你選擇努力，而不是放棄。

先求做，再求完美。失敗為成功之母。從大處著眼，小處著手。現在就開始行動吧。

我很榮幸能夠有這個特權參與你的旅程，也希望和你保持聯絡。請到以下的網址追隨我，寫封訊息給我，在亞馬遜書店替這本書寫評論，向我提出問題，或者挑戰我的想法。

我的臉書：

https://www.facebook.com/progressiveproperty

我的推特：

https://twitter.com/robprogressive

如果你覺得這本書可以幫助你在乎的人，請向他們推薦這本書。二〇一五年時，一位非常在乎我的人，向我推薦了一本書，而那本書改變了我的人生。那個時候，我從來不是一個喜歡讀書的人。我的繪畫作品掛在麥可・懷德曼的藝廊，而他堅持我應該讀讀拿破崙・希爾的《思考致富》。

天啊！那本書不只讓我驚訝，也啟發了我。感謝你，麥可，我永遠不會忘記這件事。請把這份禮物繼續和別人分享，我們才能一起創造不同。

在這本書的開頭，我答應要送讀者兩個禮物。其中一個已經在書裡分享兩次了，這是為了避免你想拿禮物而先翻到書的結尾。第二個禮物是免費的〈顛覆企業家〉播客節目。這個節目進一步發展了生活槓桿哲學，也提供各種工具、技巧和祕訣，用來提高生產力、槓桿效果、你的事業規模，並且結合熱情、專業、個人發展與財務成長，只適合勇敢挑戰自己的人。

最後，本書開頭提到的馬克・荷馬，並不是用我的入學考試成績來發揮「槓桿效應」的人。馬克・荷馬只是假名，希望本書不要對馬克・荷馬或任何同名同姓的人造成困擾。

國家圖書館出版品預行編目資料

生活槓桿：短時間發揮最大生產力，讓事業、生活、財富達到完美平衡的工作哲學
羅伯．摩爾 (Rob Moore) 著；林曉欽譯
-- 初版．-- 臺北市：商周出版：家庭傳媒城邦分公司發行，民 106.07
376 面；14.8*21 公分．-- (Ideaman;95)
譯自：Life leverage：How to Get More Done in Less Time,Outsource Everything & Create Your Ideal Mobile Lifestyle
ISBN 978-986-477-279-7(平裝)

1. 職場成功法 2. 時間管理

494.35　　106010786

Ideaman 95
生活槓桿：
短時間發揮最大生產力，讓事業、生活、財富達到完美平衡的工作哲學
Life Leverage: How to Get More Done in Less Time, Outsource Everything & Create Your Ideal Mobile Lifestyle

作　　者／羅伯．摩爾（Rob Moore）　**企劃選書**／韋孟岑
譯　　者／林曉欽　**責任編輯**／韋孟岑

版　　權／吳亭儀、翁靜如、黃淑敏
行 銷 業 務／林彥伶、石一志
總　編　輯／何宜珍
總　經　理／彭之琬
發　行　人／何飛鵬
法 律 顧 問／台英國際商務法律事務所　羅明通律師
出　　版／商周出版
臺北市中山區民生東路二段 141 號 9 樓
電話：(02) 2500-7008　傳真：(02) 2500-7759
E-mail：bwp.service@cite.com.tw
發　　行／英屬蓋曼群島商家庭傳媒股份有限公司城邦分公司
臺北市中山區民生東路二段 141 號 2 樓
讀者服務專線：0800-020-299　24 小時傳真服務：(02)2517-0999
讀者服務信箱 E-mail：cs@cite.com.tw
劃 撥 帳 號／ 19833503　戶名：英屬蓋曼群島商家庭傳媒股份有限公司城邦分公司
訂 購 服 務／書虫股份有限公司客服專線：(02)2500-7718；2500-7719
服務時間：週一至週五上午 09:30-12:00；下午 13:30-17:00
24 小時傳真專線：(02)2500-1990；2500-1991
劃撥帳號：19863813　戶名：書虫股份有限公司
E-mail：service@readingclub.com.tw
香港發行所／城邦(香港)出版集團有限公司
香港灣仔駱克道 193 號超商業中心 1 樓
電話：(852) 2508-6231　傳真：(852) 2578-9337
馬新發行所／城邦（馬新）出版集團
【Cité (M) Sdn. Bhd】
41, Jalan Radin Anum, Bandar Baru Sri Petaling,57000 Kuala Lumpur, Malaysia.
電話：(603)9057-8822　傳真：(603)9057-6622
商周出版部落格／ http://bwp25007008.pixnet.net/blog
行政院新聞局北市業字第 913 號

封 面 設 計／李涵硯
內文設計排版／菩薩蠻工作室
印　　刷／卡樂彩色製版印刷有限公司
總　經　銷／聯合發行股份有限公司　客服專線：0800-055-365
電話：(02)2668-9005　傳　真：(02)2668-9790

■ 2017 年（民 106）07 月 13 日初版
■ 2024 年（民 113）03 月 19 日初版 10 刷
定　價 380 元

ISBN　978-986-477-279-7

城邦讀書花園
www.cite.com.tw

Printed in Taiwan

廣　告　回　函
北區郵政管理登記證
北臺字第000791號
郵資已付，免貼郵票

104　台北市民生東路二段141號9樓

英屬蓋曼群島商家庭傳媒股份有限公司城邦分公司　收

請沿虛線對摺，謝謝！

書號：BI7095　　書名：生活槓桿　短時間發揮最大生產力，讓事業、生活、財富達到完美平衡的工作哲學　　編碼：

請於此處用膠水黏貼

商周出版

讀者回函卡

謝謝您購買我們出版的書籍！請費心填寫此回函卡，我們將不定期寄上城邦集團最新的出版訊息。

姓名：________________

性別：□男 □女

生日：西元 ________ 年 ________ 月 ________ 日

地址：________________

聯絡電話：________________ 傳真：________________

E-mail：________________

職業：□1.學生 □2.軍公教 □3.服務 □4.金融 □5.製造 □6.資訊

□7.傳播 □8.自由業 □9.農漁牧 □10.家管 □11.退休

□12.其他 ________________

您從何種方式得知本書消息？

□1.書店□2.網路□3.報紙□4.雜誌□5.廣播 □6.電視 □7.親友推薦

□8.其他 ________________

您通常以何種方式購書？

□1.書店□2.網路□3.傳真訂購□4.郵局劃撥 □5.其他 ________

您喜歡閱讀哪些類別的書籍？

□1.財經商業□2.自然科學 □3.歷史□4.法律□5.文學□6.休閒旅遊

□7.小說□8.人物傳記□9.生活、勵志□10.其他 ________

對我們的建議：

____

____

____

____

請於此處用膠水黏貼

Idea man

Idea man

Idea
man

Idea man